中華古籍保護計劃

ZHONG HUA GU JI BAO HU JI HUA CHENG GUO

·成果·

（北齊）顏之推 撰

元本顏氏家訓

國家圖書館出版社

圖書在版編目(CIP)數據

元本顔氏家訓/(北齊)顔之推撰.—北京:國家圖書館出版社,2021.8

(國學基本典籍叢刊)

ISBN 978-7-5013-7166-2

Ⅰ.①元… Ⅱ.①顔… Ⅲ.①家庭道德—中國—南北朝时代 Ⅳ.①B823.1

中國版本圖書館 CIP 數據核字(2020)第 265176 號

書　　名	元本顔氏家訓
著　　者	(北齊)顔之推　撰
責任編輯	苗文葉
助理編輯	王　哲
封面設計	徐新狀

出版發行	國家圖書館出版社(北京市西城區文津街 7 號　100034) (原書目文獻出版社　北京圖書館出版社) 010-66114536　63802249　nlcpress@nlc.cn(郵購)
網　　址	http://www.nlcpress.com
印　　裝	北京市通州興龍印刷廠
版次印次	2021 年 8 月第 1 版　2021 年 8 月第 1 次印刷

開　　本	880×1230　1/32
印　　張	7
書　　號	ISBN 978-7-5013-7166-2
定　　價	30.00 圓

《國學基本典籍叢刊》前言

國家圖書館出版社（原書目文獻出版社 北京圖書館出版社）成立三十多年來，出版了大量的中國傳統文化典籍。由於這些典籍的出版往往采用叢書的方式或綫裝形式，供公共圖書館和大學圖書館典藏使用，普通讀者因價格較高、部頭較大，不易購買使用。爲弘揚優秀傳統文化，滿足廣大普通讀者的需求，現將經、史、子、集各部的常用典籍，選擇善本，分輯陸續出版單行本。每書之前均加簡要説明，必要者加編目録和索引，總名《國學基本典籍叢刊》。歡迎讀者提出寶貴意見和建議，以使這項工作逐步完善。

編委會

二〇一六年四月

序　言

《顔氏家訓》七卷，北齊顔之推撰。考證一卷，宋沈揆撰。元刻本。清何焯、孫星衍、黄丕烈、錢大昕跋。

顔之推（五三一—約五九七，一説五三一—約五九一），字介，琅邪臨沂（今山東臨沂）人。梁元帝時爲散騎侍郎。後投北齊，爲黄門侍郎、待詔文林館、平原太守。齊亡，入周，爲御史上士。隋開皇中，太子詔爲學士，甚見禮重，尋以疾卒。有文三十卷、《冤魂志》三卷、《證俗音字》五卷等傳世。事迹具《北齊書・文苑傳》。沈揆，字虞卿，秀州嘉興（今浙江嘉興）人。宋紹興三十年（一一六〇）進士，傳見《中興館閣續録》卷七。

是書凡二十篇，述立身治家之法，辨證時俗之謬，以訓子孫。《隋志》不著於録，《唐志》《宋志》俱作七卷。宋淳熙中，沈揆嘗取故參知政事謝氏所校五代和凝本，與閩、蜀二本互爲參定，刻於台州，稱爲善本。

是書曾有宋刻七卷本傳世，王蔭嘉曾取以校明萬曆郝之璧本，於戊午年（民國七年，一九一八）撰有跋語，稱宋本每半葉十二行，每行十八字。據王校，該宋本遇高宗名諱『構』字皆不書，皆注『太上御名』。此宋本今已無可蹤迹，賴王校本存其梗概。

此本行款與王氏所見宋本同，遇『構』字皆注『太上御名』，亦同宋本。版心葉碼連編，共計九十四葉。《考證》後列『朝奉郎權知台州軍州事沈揆、朝請郎通判軍州事管鈗、承議郎添差通判軍州事樓鑰、迪功郎州學教授史昌祖同校』及『監刊』『同校』諸人名銜，淳熙七年二月沈揆後跋。錢大昕定爲『淳熙台州公庫本』，跋云：『考元制，各道置廉訪司，爲行臺所屬，廉臺之名，實昉於此。此本蓋宋槧而元印者，其間必有修改之葉，故於宋諱間有不避耳。』按錢氏定『廉臺』爲官名，其説可疑，『廉臺』似爲田氏籍貫。此本字畫清晰，無明顯隔代補版現象。前序後『廉臺田家印』琴式長記，頗别致，宋刻不見有此等式樣，今定爲元代翻刻宋本。元本有明顯誤字，王氏所見宋本不誤。如卷二《風操》篇『當時雖爲敏對』，元本『時』誤『晦』；卷三《勉學》篇『射則不能穿札』，元本『則』誤『能』；卷四《文章》篇『趨末弃本』，元本『本』誤『末』；『美玉之瑕，宜慎之』，元本『美』誤『矣』。

是書明代刊本最繁，所見有嘉靖三年傅鑰本、萬曆三年顔嗣慎本、萬曆郝之璧本、程榮刻《漢魏叢書》本、胡文煥《格致叢書》本、何允中《廣漢魏叢書》本等，皆分爲二卷，無《考證》一卷。其文字與此本違異處頗多，對照此本行間小注所列别本異文，則往往相合。如卷一《序致》篇，『以爲汝曹後車』，『車』下注『一本作範』；《治家》篇，『竟無捶撻之意』，注『一本無「之意」兩字』；卷二《風操》篇，『裴之禮好待賓客，或有此輩，對賓杖之。僮僕引接，折旋俯仰，莫不肅敬，與主無別』，注『一本「裴之禮號善爲士大夫，有如此輩，對賓杖之。其門生僮僕，接於他人，折旋俯仰，辭色應對，莫不肅敬，與主無別也。」』等。是知明本均源出另一宋本系統。《四庫全書》以明刊二卷本著録，館臣漫稱明本較此本『文既無異同，則卷帙分合，亦爲細故』，實非篤論。

清代中期，鮑廷博得見錢氏述古堂影鈔七卷本，據以刊入《知不足齋叢書》第十一集，前序末有『廉臺田家印』琴式木記，知錢鈔、鮑刻均出自此元刻本。鮑刻變易行款，稍有改字，已非原貌。惟鮑刻曾校修挖改，所見初印本有二十餘處文字與元刻本相符，中印本改動十餘處，後印本又改動數處，如《後娶》篇第四，『包日夜號泣，不能去，至被毆杖』，鮑刻初印本同，中印本、後印本『毆』作『敺』；《涉務》篇第十一，『至乃尚馬郎乘馬，則糾劾之』，鮑刻初印本、中印本同，後印本作『尚書郎』。相比較而言，初印本最接近元本。

此本分三册，蝴蝶裝。每册首尾紙背有一長方鈐記，不甚明晰，據黄丕烈跋，其文爲：『國子監崇文閣官書，借讀者必須愛護，損壞闕失，典掌者不許收受。』由此可知，元代曾將此本列爲官書。卷首及尾皆有『省齋』二字、『共山書院』四字圖書印，又鈐有『同愛堂劉氏珍藏圖書記』『安昌鎦焴』『孫氏伯淵』『糧驛守巡鹽五官之印』『嘉石軒藏書』『臣文琛印』『厚齋』『汪士鐘印』『民部尚書郎』『平江汪憲奎秋浦印記』『潘祖蔭讀書記』等印。原係毛氏汲古閣家故物，後經清人何焯、孫星衍、黄丕烈、汪士鐘、潘祖蔭等各家遞藏，載於《百宋一廛書録》《藝芸精舍宋元書目》《滂喜齋藏書記》，現藏上海圖書館。今國家圖書館出版社將此本影印入《國學基本典籍叢刊》，謹據所見，記其源流如右，供研究者參考。

需要特別説明，上海圖書館藏本卷二『風操』第二十和第二十一葉倒裝，此次影印時根據内容進行了調整。

郭立暄

二〇二一年五月

目録

據上海圖書館藏元刻本影印原書版框高十九點三厘米寬十二點六厘米

顏氏家訓目録

北齊黄門侍郎顏之推撰

第一卷

第二卷

第三卷

第四卷

第五卷

顏氏家訓目録

顏氏家訓序

北齊黃門侍郎顏之推學優才贍山高海深常雌黃朝廷品藻人物爲書七卷式範千葉號曰顏氏家訓雖非子史同波抑是王言蓋代其中破疑遺惑在廣雅之右鏡賢燭愚出世說之左唯較量佛事一篇窮理盡性也余曾於客舍論公製作弘奧衆或難余曰小小者耳何是爲懷余輒請主人紙筆便録擊（鳥奐反）擗（宣）彗（歲）勦（藥）猲（鑠）嫕（於計反）変（剡）𡖅（移）秠（疋來反）等九字以示之方始驚駭余曰凡字以詮義字猶未識義安能見旋云小小頗亦忽忽衆乃謝余令爲解釋余遂作音義以曉之豈慭法言之論定即定矣實

愧孫炎之侶行即行焉云爾序中王言義未詳

廉臺田家印

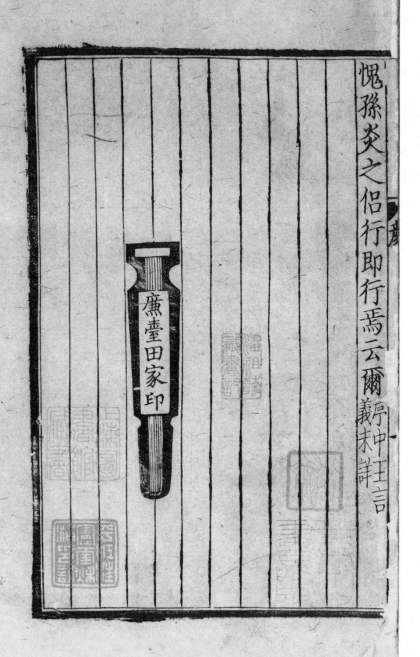

顔氏家訓卷第一

北齊黃門侍郎顔之推撰

序致　教子　兄弟

後娶　治家

序致第一

夫聖賢之書教人誠孝愼言檢迹立身揚名亦已備矣魏晉已來所著諸子理重事複遞相模斆猶屋下架屋牀上施牀尒吾今（一本無今字）所以復爲此者非敢軌物範世也業以整齊門內提撕子孫夫同言而信信其所親同命而行行其所服禁童子之暴謔則師友之誡不如傅婢之指揮止凡人之鬬鬩則堯舜之道不如寡妻之

誨諭吾望此書爲汝曹之所信猶賢於傅婢寡妻爾

吾家風教素爲整密昔在齠齔便蒙誨誘每從兩兄曉夕溫凊規行矩步安辭定色鏘鏘翼翼若朝嚴君焉賜以優言問所好尚勵短引長莫不懇篤年始九歲便丁荼蓼家塗離散百口索然慈兄鞠養苦辛備至有仁無威導示不切雖讀禮傳微愛屬文頗爲凡人之所陶染肆欲輕言不備邊幅年十八九少知砥礪習若自然卒難洗盪二十（一本作二十）已後大過稀焉每常心共口敵性與情競夜覺曉非今悔昨失自憐無敎以至於斯追思平昔之指銘肌鏤骨非徒古書

之誡經目過耳一本有也字故留此二十篇以爲汝曹後車一本作範尒

教子第二

上智不教而成下愚雖教無益中庸之人不教不知也古者聖王有胎教之法懷子三月出居別宮目不邪視耳不妄一本作傾聽音聲滋味以禮節之書之玉版藏諸金匱子生咳㖂說文咳小兒笑也㖂號也一本作孩提師保固明仁孝禮義一本作孝禮仁義導習之矣凡庶縱不能尒當及嬰稚識人顏色知人喜怒便加教誨使爲則爲使止則止比及數歲可省笞罰父母威嚴而有慈則子女畏慎而生孝矣吾見世閒無教而有愛每不能然飲食運

爲汝其所欲宜誡（一本作訓）翻奬應訶反笑（一本作嗤）至有識知謂法當尒驕（一本作憍）慢已習方復（一本作乃）制之捶撻至死而無威（一本云而無敢悔）忿怒日隆而增怨（一本云增怨懊）逮于成長終爲敗德孔子云少成若天性習慣如自然是也俗諺曰教婦初來教兒嬰孩誠哉斯語

凡人不能教子女者亦非欲陷其罪惡但重於訶怒傷其顏色不忍楚撻慘其肌膚尒當以疾病爲諭安得不用湯藥鍼艾救之哉又宜思勤督訓者可願苛虐於骨肉乎誠不得已也

王大司馬母魏夫人性甚嚴正王在湓城時爲三千人將年踰四十少不如意猶捶撻之故能

成其勳業梁元帝時有一學士聰敏有才爲父
所寵失於教義一言之是徧於行路終年譽之
一行之非揜藏文飾冀其自改年登婚宦暴慢
日滋竟以言語不擇爲周逖抽腸釁鼓云
父子之嚴不可以狎骨肉之愛不可以簡簡則
慈孝不接狎則怠慢生焉由命士以上父子異
宮此不狎之道也抑搔癢痛懸衾篋枕此不簡
之教也或問曰陳亢喜聞君子之遠其子何謂
也對曰有是也蓋君子之不親教其子也詩有
諷刺之詞禮有嫌疑之誡書有悖亂之事春秋
有衺僻之譏易有備物之象皆非父子之可通
言故不親授尒（其意見白虎通）

齊武成帝子瑯琊王太子母弟也生而聰慧帝
及后並篤愛之衣服飲食與東宮相準帝每面
稱之曰此黠兒也當有所成及太子即位王居
別宮禮數優僭不與諸王等太后猶謂不足常
以爲言年十許歲驕恣無節器服玩好必擬乘
輿常朝南殿見典御進新冰鈎盾獻早李還索
不得遂大怒訽曰至尊已有我何意無不知分
齊率皆如此識者多有叔段州吁之譏後嫌宰
相遂矯詔斬之又懼有赦乃勒麾下軍士防守
殿門既無反心受勞而罷後竟坐此幽薨
人之愛子罕亦能均自古及今此弊多矣賢俊
者自可賞愛頑魯者亦當矜憐有偏寵者雖欲

以厚之更所以禍之共叔之死母實爲之趙王之戮父實使之劉表之傾宗覆族袁紹之地裂兵亡可爲靈龜明鑒也

齊朝有一士大夫嘗謂吾曰我有一兒年已十七頗曉書疏教其鮮卑語及彈琵琶稍欲通解以此伏事公卿無不寵愛亦要事也吾時俛而不答異哉此人之教子也若由（一本作用）此業自致卿相亦不願汝曹爲之

兄弟第三

夫有人民而後有夫婦有夫婦而後有父母有父子而後有兄弟一家之親盡此三而已矣自兹以往至于九族皆本於三親焉故於人倫爲

重若也不可不篤兄弟若分形連氣之人也方其幼也父母左提右挈前襟後裾食則同案衣則傳服學則連業遊則共方雖有悖亂之行不能不相愛也及其壯也各妻其妻各子其子雖有篤厚之行不能不少衰也娣姒之比兄弟則疏薄矣今使疏薄之人而節量親厚之恩猶方底而圓蓋必不合矣唯友悌深至不爲傍人之所移者免夫

二親既殁兄弟相顧當如形之與影聲之與響愛先人之遺體惜己身之分氣非兄弟何念哉兄弟之際異一本作易字於他人望深則易怨地親則易弭譬猶居室一穴則塞之一隙則塗之則

無賴毁之慮如雀鼠之不䘏風雨之不防壁陷
楹淪無可救矣僕妾之爲雀鼠妻子之爲風雨
甚哉
兄弟不睦則子姪不愛子姪不愛則羣從疏薄
羣從疏薄則僮僕爲讎敵矣如此則行路皆踖
其面而蹈其心誰救之哉人或交天下之士皆
有歡笑而失敬於兄者何其能多而不能少也
人或將數萬之師得其死力而失恩於弟者何
其能疏而不能親也
娣姒者多爭之地也使骨肉居之亦不若各歸
四海感霜露而相思佇日月之相望也況以行
路之人處多爭之地能無間者鮮矣所以然者

以其當公務而執私情處重責而懷薄義也若
能恕己而行換子而撫則此患不生矣
人之事兄不可同於事父何怨愛弟不及愛子
乎是反照而不明也沛國劉璡嘗與兄瓛連棟
隔壁瓛呼之數聲不應良久方應瓛怪問之乃
云向來未著衣帽故也以此事兄可以免矣
江陵王玄紹弟孝英子敏兄弟三人特相愛友
所得甘旨新異非共聚食必不先嘗孜孜色貌
相見如不足者及西臺陷没玄紹以形體魁梧
爲兵所圍二弟爭共抱持各求代死終不得解
遂并命尒

後娶第四

吉甫賢父也伯奇孝子也以賢父御孝子合得終於天性而後妻間之伯奇遂放曾參婦死謂其子曰吾不及吉甫汝不及伯奇王駿喪妻亦謂人曰我不及曾參子不如華元並終身不娶此等足以爲誡其後假繼慘虐孤遺離間骨肉傷心斷腸者何可勝數愼之哉愼之哉

江左不諱庶孽喪室之後多以妾媵終家事疥癬蚊虻或不能免限以大分故稀鬬閱之恥河北鄙於側出不預人流是以必須重娶至於三四母年有少於子者後母之弟與前婦之兄衣服飲食爰及婚宦至于士庶貴賤之隔俗以爲常身没之後辭訟盈公門謗辱彰道路子誣母

爲妾弟黜兄爲傭播揚先人之辭迹暴露祖考之長短以求直己者往往而有悲夫自古姧臣佞妾以一言陷人者衆矣況夫婦之義曉夕移之婢僕求容助相說引積年累月安有孝子乎此不可不畏

凡庸之性後夫多寵前夫之孤後妻必虐前妻之子非唯婦人懷嫉妬之情丈夫有沉惑之僻亦事勢使之然也前夫之孤不敢與我子爭家提攜鞠養積習生愛故寵之前妻之子每居己生之上宦學婚嫁莫不爲防焉故虐之異姓寵則父母被怨繼親虐則兄弟爲讎家有此者皆門戶之禍也

思曾等從舅殷外臣博達之士也有子基諶皆已成立而再娶王氏基每拜見後母感慕鳴咽不能自持家人莫忍仰視王亦悽愴不知所容旬月求退便以禮遣此亦悔事也

後漢書曰安帝時汝南薛包孟嘗好學篤行喪母以至孝聞及父娶後妻而憎包分出之包日夜號泣不能去至被毆杖不得已廬於舍外旦入而洒掃父怒又逐之乃廬於里門昏晨不廢積歲餘父母慙而還之後行六年服喪過乎哀既而弟子求分財異居包不能止乃中分其財奴婢取其老者曰與我共事久若不能使也田廬取其荒頓者（頓猶廢也）曰吾少時所理意所戀也

器物取其朽敗者曰我素所服食身口所安也
弟子數破其産還復賑給建光中公車特徵至
拜侍中包性恬虛稱疾不起以死自乞有詔賜
告歸也

治家第五

夫風化者自上而行於下者也自先而施於後
者也是以父不慈則子不孝兄不友則弟不恭
夫不義則婦不順矣父慈而子逆兄友而弟傲
夫義而婦陵則天之凶民乃形戮之所攝非訓
導之所移也笞怒廢於家則豎子之過立見刑
罰不中則民無所措手足治家之寬猛亦猶國
焉孔子曰奢者則不孫儉則固與其不孫也寧固

又云如有周公之才之美使驕且吝其餘不足觀也已然則可儉而不可吝也儉者省約爲禮之謂也吝者窮急不卹之謂也今有奢則施儉則吝如能施而不奢儉而不吝可矣

生民之本要當稼穡而食桑麻以衣蔬果之蓄園場之所產雞豚之善塒圈之所生爰及棟宇器械樵蘇脂燭莫非種殖之物也至能守其業者閉門而爲生之具以足但家無鹽井尒今北土風俗率能躬儉節用以贍衣食江南奢侈多不逮焉

梁孝元世有中書舍人治家失度而過嚴刻妻妾遂共貨刺客伺醉而殺之

世間名士但務寬仁至於飲食饟饋童僕減損
施惠然諾妻子節量狎侮賓客侵耗鄉黨此亦
爲家之巨蠹矣
齊吏部侍郎房文烈未嘗嗔怒經霖雨絕糧遣
婢糴米因爾逃竄三四許日方復擒之房徐曰
舉家無食汝何處來竟無捶撻之意（一本無之意兩字）
嘗寄人宅奴婢徹屋爲薪略盡聞之顰蹙卒無
一言
裴子野有疏親故屬飢寒不能自濟者皆收養
之家素清貧時逢水旱二石米爲薄粥僅得徧
焉躬自同之常無猒色鄴下有一領軍貪積已
甚家童八百誓滿千人朝夕每人（一本無每人兩字）肴

膳以十五錢爲率遇有客旅便無以兼後坐事
伏法籍其家產麻鞋一屋弊衣數庫其餘財寶
不可勝言南陽有人爲生奥博性殊儉吝冬至
後女壻謁之乃設一銅甌酒數臠麞肉壻恨其
單率一舉盡之主人愕然俛仰命益如此者再
退而責其女曰某郎好酒故汝嘗（一本作常字）貧及
其死後諸子爭財兄遂殺弟

婦主中饋唯事酒食衣服之禮尒國不可使預
政家不可使幹蠱如有聰明才智識達古今正
當輔佐君子助其不足必無牝鷄晨鳴以致禍
也

江東婦女略無交遊其婚姻之家或十數年間

未相識者唯以信命贈遺致殷勤焉鄴下風俗專以婦持門戶爭訟曲直造請逢迎車乘填街衢綺羅盈府寺代子求官爲夫訴屈此乃恒代之遺風乎南間貧素皆事外飾車乘衣服必貴齊整家人妻子不免飢寒河北人事一本作士字多由內政綺羅金翠不可廢闕羸馬顇奴僅充而已唱和之禮或爾汝之

河北婦人織紝組紃之事黼黻錦繡羅綺之工大優於江東也太公曰養女太多一費也陳蕃曰盜不過五女之門女之爲累亦以深矣然天生蒸民先人遺體其如之何世人多不舉女賊行骨肉豈當如此而望福於天乎吾有疏親家

饒妓媵誕育將及便遣閽竪守之體有不安窺牕倚戶若生女者輒持將去母隨號泣莫敢救之使人不忍聞也

婦人之性率寵子壻而虐兒婦寵壻則兄弟之怨生焉虐婦則姊妹之讒行焉然則女之行留皆得罪於其家者母實爲之至有諺云落索阿姑餐此其相報也家之常弊可不誡哉

婚姻素對靖侯成規近世嫁娶遂有賣女納財買婦輸絹比量父祖計較錙銖責多還少市井無異或猥壻在門或傲婦擅室貪榮求利反招羞恥可不慎歟

借人典籍皆須愛護先有缺壞就爲補治此亦

士大夫百行之一也濟陽江祿讀書未竟雖有急速必待卷束整齊然後得起故無損敗人不厭其求假焉或有狼籍几案分散部秩多爲童幼婢妾之所點污風雨犬鼠之所毀傷實爲累德吾每讀聖人之書未嘗不肅敬對之其故紙有五經詞義及賢達姓名不敢穢用也〔犬鼠一作蟲鼠〕

吾家巫覡禱請絕於言議符書章醮亦無祈焉並汝曹所見也勿妖妄之費

顏氏家訓卷第一

顏氏家訓卷第二

風操第六

吾觀禮經聖人之教箕帚匕箸咳唾唯諾執燭沃盥皆有節文亦爲至矣但旣殘缺非復全書其有所不載及世事變改者學達君子自爲節度相承行之故世號士大夫風操而家門頗有不同所見互稱長短然其阡陌亦自可知昔在江南目能視而見之耳能聽而聞之蓬生麻中不勞翰墨汝曹生於戎馬之間視聽之所不曉故聊記以傳示子孫

禮云見似目瞿聞名心瞿有所感觸惻愴心眼

若在從容平常之地幸須申其情耳必不可避
亦當忍之猶如叔伯兄弟酷類先人可得終身
腸斷與之絕耶又臨文不諱廟中不諱君所無
私諱蓋知聞名須有消息不必期於顛沛而走
也梁世謝舉甚有聲譽聞諱必哭為世所譏又
臧逢世臧嚴之子也篤學修行不墜門風孝元
經牧江州遣往建昌督事郡縣民庶競修箋書
朝夕輻輳几案盈積書有稱嚴寒者必對之流
涕不省取記多廢公事物情怨駭竟以不辦而
還此並過事也近在揚都有一士人諱審而與
沈氏交結周厚沈與其書名而不姓此非人情
也凡避諱者皆須得其同訓以代換之桓公名

白博有五皓之稱萬王名長琴有脩短之目不
聞謂布帛爲布皓呼腎腸爲腎脩也梁武小名
阿練子孫皆呼練爲絹乃謂銷鍊物爲銷絹物
恐乖其義或有諱雲者呼紛紜爲紛煙有諱桐
者呼梧桐樹爲白鐵樹便似戲笑尒周公名子
曰禽孔子名兒曰鯉止在其身自可無禁至若
衛侯魏公子楚太子皆名蟣蝨長卿名犬子王
脩名狗子上有連及理未爲通古之所行今之
所笑也北土多有名兒爲驢駒豚子者使其自
稱及兄弟所名亦何忍哉前漢有尹翁歸後漢
有鄭翁歸梁家亦有孔翁歸又有顧翁寵晉代
有許思妣孟少孤如此名字幸當避之今人避

諱更急於古凡名子者當為孫地吾親識中有
諱襄諱周諱清諱和諱禹交疏造次一座百犯
聞者辛苦無憀賴焉昔司馬長卿慕藺相如故
名相如顧元歎慕蔡邕故名雍而後漢有朱張
字孫卿許暹字顏回梁世有庾晏嬰祖孫登連
古人姓為名字亦鄙才也昔劉文饒不忍罵奴
為畜產今世愚人遂以相戲或有指名為豚犢
者有識傍觀猶欲掩耳況當之者乎近在議曹
共平章百官秩祿有一顯貴當世名臣意嫌所
議過厚齊朝有一兩士族文學之人謂此貴曰
今日天下大同須為百代典式豈得尚作關中
舊意明公定是陶朱公大兒亦彼此歡笑不以

爲嫌

昔侯霸之子孫稱其祖父曰家公陳思王稱其父曰家父母爲家母潘尼稱其祖曰家祖古人之所行今人之所笑也今南北風俗言其祖及二親無云家者田里猥人方有此言尒凡與人言言己世父以次第稱之不云家者以尊於父不敢家也凡言姑姉妹女子子已嫁則以夫氏稱之在室則以次第稱之言禮成他族不得云家也子孫不得稱家者輕略之也蔡邕書集呼其姑女爲家姑家姉班固書集亦云家孫今並不行也凡與人言稱彼祖父母世父母父母及長姑皆加尊字自叔父母已下則加賢字尊卑

之差也王羲之書稱彼之母與自稱己母同不云尊字今所非也
南人冬至歲首不詣喪家若不修書則過節束帶以申慰北人至歲之日重行弔禮禮無明文則吾不取南人賓至不迎相見捧手而不揖送客下席而已北人迎送並至門相見則揖皆古之道也吾善其迎揖
昔者王侯自稱孤寡不穀自茲以降雖孔子聖師與門人言皆稱名也後雖有臣僕之稱行者蓋亦寡焉江南輕重各有謂號具諸書儀北人多稱名者乃古之遺風吾善其稱名焉
言及先人理當感慕古者之所易今人之所難

江南人事不獲已乃陳文墨𢡟𢡟無自言者一本無上怟究須言閥閱必以文翰罕有面論者北人無可便尒話說及相訪問如此之事不可加於人也人加諸已則當避之名位未高如為勳貴所逼隱忍方便速報取了勿使一本作取煩重感辱祖父若沒言須及者則斂容肅坐稱大門中世父叔父則稱從兄弟門中兄弟則稱亡者子某門中各以其尊卑輕重為容色之節皆變於常若與君言雖變於色猶云亡祖亡伯亡叔也吾見名士亦有呼其亡兄弟為兄子弟子門中者亦未為安帖也北土風俗一本無風俗字都不行此太山羊侃梁初入南吾近至鄴其兄子肅訪侃委

曲吾答之云鄉從門中在梁如此如此肅曰是
我親第七亡叔非從也祖孝徵在坐先知江南
風俗乃謂之云賢從弟門中何故不解古人皆
呼伯父叔父而今世多單呼伯叔從父兄弟姉
妹已孤而對其前呼其母爲伯叔母此不可避
者也兄弟之子已孤與他人言對孤者前呼爲
兄子弟子頗爲不忍北土人多呼爲姪案爾雅
喪服經左傳姪名雖通男女並是對姑立稱晉
世已來始呼叔姪今呼爲姪於理爲勝也
別易會難古人所重江南餞送下泣言離有王
子侯梁武帝弟出爲東郡與武帝別帝曰我年
已老與汝分張甚以（一本作心字）惻愴數行淚下侯

遂密雲赮然而出坐此被責飄颻舟渚一百許日卒不得去北間風俗不屑此事岐路言離歡笑分首然人性自有少涕淚者腸雖欲絕目猶爛然如此之人不可強責

凡親屬名稱皆須粉墨不可濫也無風教者其父已孤呼外祖父母與祖父母同使人爲其不喜聞也雖質於面皆當加外以別之父母之世叔父皆當加其次第以別之父母之世叔母皆當加其姓以別之父母之羣從世叔父母及從祖父母皆當加其爵位若姓以別之河北士人皆呼外祖父母爲家公家母江南田里閒亦言之以家代外非吾所識凡宗親世數有從父有

從祖有族祖江南風俗自茲已往高秩者通呼
爲尊同昭穆者雖百世猶稱兄弟若對他人稱
之皆云族人河北士人雖三二十世猶呼爲從
伯從叔梁武帝嘗問一中士人曰卿北人何故
不知有族答曰骨肉易疏不忍言族尒當晦雖
爲敏對於禮未通吾嘗問周弘讓曰父母中外
姊妹何以稱之周曰亦呼爲丈人自古未見丈
人之稱施於婦人也吾親表所行若父屬者爲
某姓姑母屬者爲某姓姨中外丈人之婦猥俗
呼爲丈母士大夫謂之王母謝母云而陸機集
有與長沙顧母書乃其從叔母也今所不行齊
朝士子皆呼祖僕射爲祖公全不嫌有所涉也

乃有對面以相〔一本作爲字〕戲者

古者名以正體字以表德名終則諱之字乃可以爲孫氏孔子弟子記事者皆稱仲尼呂后微時嘗字高祖爲季至漢爰種字其叔父曰絲王丹與侯霸子語字霸爲君房江南至今不諱字也河北士人全不辨之名亦呼爲字字固因呼爲字尚書王元景兄弟皆號名人其父名雲字羅漢一皆諱之其餘不足恠也

禮閒傳云斬縗之哭若往而不反齊縗之哭若往而反大功之服三哭而偯小功緦麻哀容可也此哀之發於聲音也孝經云哭不偯皆論哭有輕重禮文之聲也禮以哭有言者爲號然則

哭亦有辭也江南喪哭時有哀訴之言夵山東重喪則唯呼蒼天朞功以下則唯呼痛深便是號而不哭

江南凡遭重喪若相知者同在城邑三日不弔則絶之除喪雖相遇則避之怨其不己憫也有故及道遥者致書可也無書亦如之北俗則不夵江南凡弔者主人之外不識者不執手識輕服而不識主人則不於會所而弔他日修名詣其家

陰陽説云辰爲水墓又爲土墓故不得哭王充論衡云辰日不哭哭則重喪今無教者辰日有喪不問輕重舉家清謐不敢發聲以辭弔客道

書又曰晦歌朔哭皆當有罪天奪之筭喪家朔
望哀感彌深寧當惜壽又不哭也亦不諭（一本無不諭三字）
偏傍之書死有歸殺子孫逃竄莫肯在家畫瓦
書符作諸厭勝喪出之日門前然火户外列灰
被送家鬼章斷注連凡如此比不近有情乃儒
雅之罪人彈議所當加也
已孤而履歲及長至之節無父拜母祖父母世
叔父母姑兄姊則皆泣無母拜父外祖父母舅
姨兄姊亦如之此人情也
江左朝臣子孫初釋服朝見二宫皆當泣涕二
宫爲之改容頗有膚色充澤無哀感者梁武薄

其爲人多被抑退裴政出服問訊武帝䫉瘦枯
槁涕泗滂沱武帝目送曰裴之禮不死也
二親既殁所居齋寢子與婦弗忍入焉北朝頽
丘李太上御名母劉氏夫人亡後所住之堂終身鏁
閉弗忍開入也夫人宋廣州刺史纂之孫女故
太上御名猶染江南風教其父獎爲揚州刺史鎮壽
春遇害太上御名嘗與王松年祖孝徵數人同集談
讌孝徵善畫遇有紙筆圖寫爲人頃之因割鹿
尾戲截畫人以示太上御名而無他意太上御名愴然動
色便起就馬而去舉坐驚駭莫測其情祖君尋
悟方深反側當時罕有能感此者吳郡陸襄父
閑被刑襄終身布衣蔬飯雖薑菜有切割皆不

忍食居家唯以掐摘供廚江陵姚子篤母以燒死終身不忍噉炙豫章熊康父以醉而爲奴所殺終身不復嘗酒然禮緣人情恩由義斷親以噎死亦當不可絶食也一本無當字有也字一本有當字無也字禮經父之遺書母之桮圈感其手口之澤不忍讀用政爲常所講習讎校繕寫及偏加服用有迹可思者亦若尋常墳典爲生什物安可悉廢之乎既不讀用無容散逸唯當緘保以留後世尒思魯等第四舅母親吴郡張建女也有第五妹三歲喪母靈牀上屏風平生舊物屋漏沾濕出暴曬之女子一見伏牀流涕家人怪其不起乃往抱持薦席淹漬精神傷沮不能飲食將以

問醫醫診脉云腸斷矣因尒便吐血數日而亡
中外憐之莫不悲歎
禮云忌日不樂正以感慕罔極惻愴無聊故不
接外賓不理衆務尒必能悲慘自居何限於深
藏也世人或端坐奥室不妨言笑盛營甘美厚
供齋食迫有急卒密戚至交盡無相見之理蓋
不知禮意乎魏世王脩毋以社日亡來歲有一本
作一字一本脉云稃歲社社脩感念哀甚隣里聞之爲之罷
社今二親喪亡偶值伏臘分至之節及月小晦
後忌之日外一本作外字所經此日猶應感一本作慁慕異
於餘辰不預飲讌聞聲樂及行遊也
劉縚緩綏兄弟並爲名器其父名昭一生不爲

照字唯依爾雅火旁作召尒然凡文與正諱相
犯當自可避其有同音異字不可悉然劉字之
下即有昭音呂尚之兒如不爲上趙壹之子儻
不作一便是下筆即妨是書皆觸也嘗有甲設
讌席請乙爲賓而旦於公庭見乙之子問之曰
尊侯早晚顧宅乙子稱其父已往時以爲笑如
此比例觸類慎之不可陷於輕脫

江南風俗兒生一朞爲製新衣盥浴裝飾男則
用弓矢紙筆女則刀尺鍼縷並加飲食之物及
珍寶服玩置之兒前觀其發意所取以驗貪廉
愚智名之爲試兒親表聚集致讌享焉自茲已
後二親若在每至此日常有酒食之事尒無教

之徒雖已孤露其日皆爲供頓酣暢聲樂不知
有所感傷梁孝元帝一本無帝字年少之時每八月
六日載誕之辰常設齋講自阮脩容薨歿之後
此事亦絕
人有憂疾則呼天地父母自古而然今世諱避
觸途急切而江東士庶痛則稱禰禰是父之廟
號父在無容稱廟父歿何容輒呼蒼頡篇有倄
下交反痛聲也字訓詁云痛而謼也謼火故反音羽罪反今
北人痛則呼之聲類音于耒反今南人痛或呼
之此二音隨其鄉俗並可行也
梁世被繫劾者子孫弟姪皆詣闕三日露跣陳
謝子孫有官自陳解職子則草屩麤衣蓬頭垢

中道路要候執事叩頭流血申訴寃枉若
配徒隷諸子並立草庵於所署門不敢寧宅動
經旬日官司驅遣然後始退江南諸憲司彈人
事事雖不重而以教義見辱者或被輕繫而身
死獄户者皆爲死怨一本作讎子孫三世不交通
矣到洽爲御史中丞初欲彈劉孝綽其兄溉先
與劉善苦諫不得乃詣劉涕泣告别而去
兵凶戰危非安全之道古者天子喪服以臨師
將軍鑿凶門而出父祖伯叔若在軍陣貶損自
居不宜奏樂讌會及婚冠吉慶事也若居圍城
之中憔悴容色除去飾玩常爲臨深履薄之狀
焉

父母疾篤醫雖淺雖少則涕泣而拜之以求哀
也梁孝元在江州嘗有不豫世子方等親拜中
兵參軍李猷焉（一本無焉字）
四海之人結爲兄弟亦何容易必有志均義敵
令終如始者方可議之一尒之後命子拜伏呼
爲丈人申父交（一本作妹）之敬身事彼親亦宜加禮
比見北人甚輕此節行路相逢便定昆季望年
觀貌不擇是非至有結父爲兄託子爲弟者
昔者周公一沐三握髮一飯三吐餐以接白屋
之士一日所見七十餘人晉文公以沐辭豎頭
須致有圖反之誚門不停賓古所貴也失教之
家閽寺無禮或以主君寢食嗔怒拒客未通江

南深以爲恥黄門侍郎裴之禮好待賓客或有此輩對賓杖之僮僕引接折旋俯仰莫不肅敬與主無別一本裴之禮號善爲士大夫有如此輩對賓杖之其門生僮僕接於他人折旋俯仰辭色應對莫不肅敬與主無別也

慕賢第七

古人云千載一聖猶旦暮也五百年一賢猶比髆也言聖賢之難得踈闊如此儻遭不世明達君子安可不攀附景仰之乎吾生於亂世長於戎馬流離播越聞見已多所值名賢未嘗不神醉魂迷向慕之也人在少年神情未定所與款狎熏漬陶染言笑舉對無心於學潛移暗化自然似之何況操履藝能較明易習者也是以與

善人居如入芝蘭之室久而自芳也與惡人居如入鮑魚之肆久而自臭也墨翟悲於染絲是之謂矣君子必慎交遊焉孔子曰無友不如己者顏閔之徒何可世得但優於我便足貴之世人多蔽貴耳賤目重遥輕近少長周旋如有賢哲每相狎侮不加禮敬他鄉異縣微藉風聲延頸企踵甚於飢渴校其長短覈其精麤或能彼不能此矣（一本云校長短覈其精麤或彼不能如此矣）所以魯人謂孔子爲東家丘昔虞國宮之奇少長於君君狎之不納其諫以至亡國不可不留心也用其言弃其身古人所恥凡有一言一行取於人者皆顯稱之不可竊人之美以爲己力雖輕雖賤者

必歸功焉竊人之財刑辟之所處竊人之美鬼神之所責梁孝元前在荆州有丁覘者洪亭民介頗善屬文殊工草隸孝元書記一皆使典（一本無典字）之軍府輕賤多未之重恥令子弟以爲楷法時云（一本無時云字）丁君十紙不敵王君一字（一本云王褒數字）吾雅愛其手迹常所寶持孝元嘗遣典籤惠編送文章示蕭祭酒祭酒問云君王比賜書翰及寫詩筆殊爲佳手姓名爲誰那得都無聲問編以實答子雲歎曰此人後生無比遂不爲世所稱亦是奇事於是聞者少復刮目稍仕至尚書儀曹郎末爲晉安王侍讀隨王東下及西臺陷沒簡牘湮散丁亦尋卒於揚州前所輕者

後思一紙不可得矣侯景初入建業臺門雖閉公私草擾各不自全太子左衛率王侃坐東掖門部分經略一宿皆辦遂得百餘日抗拒兇逆于時城內四萬許人王公朝士不下一百便是恃侃一人安之其相去如此古人云巢父許由讓於天下市道小人爭一錢之利亦已懸矣齊文宣帝即位數年便沉湎縱恣略無綱紀尚能委政尚書令楊遵彥內外清謐朝野晏如各得其所物無異議終天保之朝遵彥後為孝昭所戮刑政於是衰矣斛律明月齊朝折衝之臣無罪被誅將士解體周人始有吞齊之志關中至今譽之此人用兵豈止萬夫之望而已也國之

存亡係其生死張延雋之為晉州行臺左丞匡
維主將鎮撫疆埸儲積器用愛活黎民隱若敵
國矣羣小不得行志同力遷之既代之後公私
擾亂周師一舉此鎮先平齊國之亡亡本云齊之迹
啓於是矣

顏氏家訓卷第二

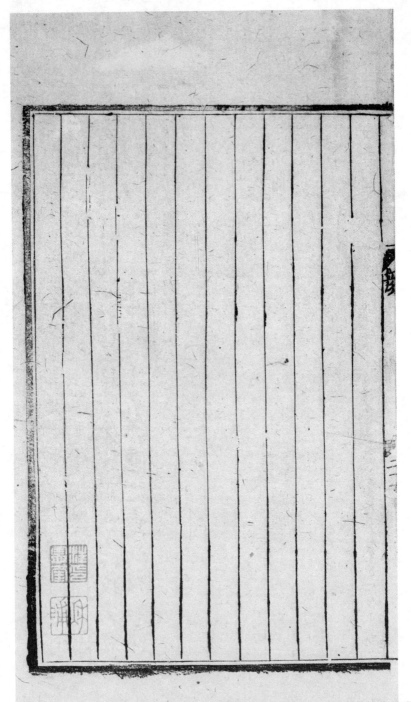

顔氏家訓卷第三

勉學第八

自古明王聖帝猶須勤學況凡庶乎此事徧於經史吾亦不能鄭重聊舉近世切要以啓寤汝尒士大夫子弟數歲以上莫不被教多者或至禮傳少者不失詩論及至冠婚體性稍定因此天機倍須訓誘有志尚者遂能磨礪以就素業無履立者自兹惰慢便爲凡人人生在世會當有業農民則計量耕稼商賈則討論貨賄工巧則致精器用伎藝則沉思法術武夫則慣習弓馬文士則講議經書多見士大夫恥涉農商羞務工伎射能不能穿札筆則纔記姓名飽食醉

酒忽忽無事以此銷日以此終年或因家世餘緒得一階半級便自爲足全忘脩學一本云便謂爲足安能自苦及有吉凶大事議論得失蒙然張口如坐雲霧公私宴集談古賦詩塞默低頭欠伸而已有識傍觀代其入地何惜數年勤學長受一生愧辱哉梁朝全盛之時貴遊子弟多無學術至於諺云上車不落則著作體中何如則秘書無不燻衣剃面傅粉施朱駕長簷車跟高齒屐坐棊子方褥憑斑絲隱囊列器玩於左右從容出入望若神仙明經求第則雇人答策三九公讌則假手賦詩當尒之時亦快士也及離亂之後朝市遷革銓衡選舉非復曩者之親當路秉權

不見昔時之黨求諸身而無所得施之世而無所用被褐而喪珠失皮而露質兀若枯木泊若窮流鹿獨戎馬之間轉死溝壑之際當尒之時誠駑材也有學藝者觸地而安自荒亂已來諸見俘虜雖百世小人知讀論語孝經者尚爲人師雖千載冠冕不曉書記者莫不耕田養馬以此觀之汝可不自勉耶若能常保數百卷書千載終不爲小人也夫明六經之指涉百家之書縱不能增益德行敦厲風俗猶爲一藝得以自資父兄不可常依鄉國不可常保一旦流離無人庇廕當自求諸身尒諺曰積財千萬不如薄伎在身伎之易習而可貴者無過讀書也世人

不問愚智皆欲識人之多見事之廣而不肯讀
書是猶求飽而懶營饌欲煖而惰裁衣也夫讀
書之人自羲農已來宇宙之下凡識幾人凡見
幾事生民之成敗好惡固不足論天地所不能
藏鬼神所不能隱也有客難主人曰吾見彊弩
長戟誅罪安民以取公侯者有矣文義習吏匡
時富國以取卿相者有矣學備古今才兼文武
身無祿位妻子飢寒者不可勝數安足貴學乎
主人對曰夫命之窮達猶金玉木石也脩以學
藝猶磨瑩雕刻也金玉之磨瑩自美其鑛璞木
石之段塊自醜其雕刻安可言木石之雕刻乃
勝金玉之鑛璞哉不得以有學之貧賤比於無

學之富貴也且負甲爲兵咋筆爲吏身死名滅
者如牛毛角立傑出者如芝草握素披黃吟道
詠德苦辛無益者如日蝕逸樂名利者如秋荼
豈得同年而語矣且又聞之生而知之者上學
而知之者次所以學者欲其多知明達耳必有
天才拔羣出類爲將則闇與孫武吴起同術執
政則懸得管仲子產之教雖未讀書吾亦謂之
學矣今子即不能然不師古之蹤跡猶蒙被而
臥耳人見鄰里親戚有佳快者使子弟慕而學
之不知使學古人何其蔽也哉世人但知跨馬
被甲長矟彊弓便云我能爲將不知明乎天道
辨乎地利比量逆順鑒達興亡之妙也但知承

上接下積財聚穀便云我能爲相不知敬鬼事
神移風易俗調節陰陽薦舉賢聖之至也但知
私財不入公事夙辦便云我能治民不知誠己
刑物執轡如（一本作生字）組反風滅火化鴟爲鳳之
術也但知抱令守律早刑時捨（一本作晚舍）便云我
能平獄不知同轅觀罪分劒追財假言而姦露
不問而情得之察也爰及農商工賈廝役奴隸
釣魚屠肉飯牛牧羊皆有先達可爲師表博學
求之無不利於事也夫所以讀書學問本欲開
心明目利於行耳未知養親者欲其觀古人之
先意承顏怡聲下氣不憚劬勞以致甘腝（一本作旨）
惕然慙懼起而行之也未知事君者欲其觀古

人之守職無侵見危授命不忘誠諫以利社稷
惻然自念思欲效之也素驕奢者欲其觀古人
之恭儉節用卑以自牧禮爲教本敬者身基瞿
然自失斂容抑志也素鄙吝者欲其觀古人之
貴義輕財少私寡慾忌盈惡滿賙窮卹匱赧然
悔恥積而能散也素暴悍者欲其觀古人之小
心黜己齒弊舌存含垢藏疾尊賢容衆苶然沮
喪若不勝衣也素怯懦者欲觀古人之達生委
命彊毅正直立言必信求福不回勃然奮厲不
可恐懾也歷茲以往百行皆然縱不能淳去泰
去甚學之所知施無不達今（一本無今字）世人讀書
者但能言之不能行之忠孝無聞仁義不足加

以斷一條訟不必得其理宰千戶縣不必理其民問其造屋不必知楣橫而梲豎也問其爲田不必知稷早而黍穉一本作遲字也吟嘯談謔諷詠辭賦事既優閑材增迂誕軍國經綸略無施用故爲武人俗吏所共嗤詆良由是乎夫學者所以求益尓見人讀數十卷書便自高大凌忽長者輕慢同列人疾之如讎敵惡之如鴟梟如此以學自損不如無學也古之學者爲己以補不足也今之學者爲人但能說之也古之學者爲人行道以利世也今之學者爲己脩身以求進也夫學者猶種樹也春玩其華秋登其實講論文章春華也脩身利行秋實也人生小幼精神

專利長成已後思慮散逸固須早教勿失機也吾七歲時誦靈光殿賦至于今日十年一理猶不遺忘二十之外所誦經書一月（一本作日字）廢置便至（一本無至字）荒蕪矣然人有坎壈失於盛年猶當晚學不可自棄孔子云五十以學易可以無大過矣魏武袁遺老而彌篤此皆少學而至老不倦也曾子七十乃學名聞天下荀卿五十始來遊學猶為碩儒公孫弘四十餘方讀春秋以此遂登丞相朱雲亦四十始學易論語皇甫謐二十始受孝經論語皆終成大儒此並早迷而晚寤也世人婚冠未學便稱遲暮因循面牆亦為愚爾幼而學者如日出之光老而學者如秉

燭夜行猶賢乎瞑目而無見者也學之興廢隨
世輕重漢時賢俊皆以一經弘聖人之道上明
天時下該人事用此致卿相者多矣末俗已來
不復尒空守章句但誦師言施之世務殆無一
可故士大夫子弟皆以博涉爲貴不肯專於經
業一本作專儒梁朝皇孫已下總丱之年必先入學
觀其志尚出身已後便從文吏略無卒業者冠
冕爲此者則有何胤劉瓛明山賓周捨朱异周
弘正賀琛賀革蕭子政劉縚等兼通文史不徒
講說也洛陽亦聞崔浩張偉劉芳鄴下又見邢
子才此一本無此字四儒者雖好經術亦以才博擅
名如此此諸賢故爲上品以外率多田里閒人音

辭鄙陋風操蚩拙相與專固無所堪能問一言
輒酬數百責其指歸或無要會鄴下諺云博士
買驢書券三紙未有驢字使汝以此爲師令人
氣塞孔子曰學也祿在其中矣今勤無益之事
恐非業也夫聖人之書所以設教但明練經文
粗通注義常使言行有得亦足爲人何必仲尼
居即須兩紙疏義燕寢講堂亦復何在争此得
勝寧有益乎光陰可惜譬諸逝水當博覽機要
以濟功業必能兼美吾無間焉俗間儒士不涉
羣書經緯之外義疏而已吾初入鄴與博陸崔
文彥交遊嘗說王粲集中難鄭玄尚書事崔轉
爲諸儒道之始將發口懸見排蹙云文集止有

詩賦銘誄豈當論經書事乎且先儒之中未聞
有王粲也崔笑而退竟不以粲集示之魏收之
在議曹與諸博士爭宗廟事引據漢書博士笑
曰未聞漢書得證經術魏便忿怒都不復言取
韋玄成傳擲之而起博士一夜共披尋之達明
乃來謝曰不謂玄成如此學也
夫老莊之書蓋全眞養性不肯以物累己也故
藏名柱史終蹈流沙匿跡漆園卒辭楚相此任
縱之徒尒何晏王弼祖述玄宗遞相誇尚景附
草靡皆以農黃之化在乎己身周孔之業弃之
度外而平叔以黨曹爽見誅觸死權之網也輔
嗣以多笑人被疾陷好勝之穽也山巨源以蓄

積取譏昔多藏厚亡之文也夏侯玄以才望被戮無支離擁腫之鑒也荀奉倩喪妻神傷而卒非鼓缶之情也王夷甫悼子悲不自勝異東門之達也嵇叔夜排俗取禍豈和光同塵之流也郭子玄以傾動專勢寧後身外己之風也阮嗣宗沉酒荒迷乖畏途相誡之譬也謝幼輿贓賄黜削違棄其餘魚之旨也彼諸人者並其領袖玄宗所歸其餘桎梏塵滓之中顛仆名利之下者豈可備言乎直取其清談雅論辭鋒理窟剖玄析微妙得入神賓主往復娛心悅耳然而濟世成俗終非急務（一本作清談高論剖玄析微賓主往復娛心悅耳非濟世成俗之要也）洎于梁世茲風復闡莊老周易總謂三

玄武皇簡文躬自講論周弘正奉贊大猷化行
都邑學徒千餘實爲盛美元帝在江荊間復所
愛習故置學生親爲教授廢寢忘食以夜繼朝
至乃倦劇愁憤輒以講自釋吾時頗預末筵親
承音旨性既頑魯亦所不好云
齊孝昭帝侍婁太后疾容色顦顇服膳減損徐
之才爲灸兩穴帝握拳代痛爪入掌心血流滿
手后既痊愈帝尋疾崩遺詔恨不見太后山陵
之事其天性至孝如彼不識忌諱如此良由無
學所爲若見古人之譏欲母早死而悲哭之則
不發此言也孝爲百行之首猶須學以脩飾之
況餘事乎

梁元帝嘗爲吾說昔在會稽年始十二便以好
學時又患疥手不得拳膝不得屈閑齋張葛幃
避蠅獨坐銀甌貯山陰甜酒時復進之以自寬
痛（一本作以寬此痛）率意自讀史書一日二十卷既未
師受或不識一字或不解一語要自重之不知
猒倦帝子之尊童稚之逸尚能如此况其庶士
冀以自達者哉古人勤學有握錐投斧照雪聚
螢鋤則帶經牧則編簡亦云（一本作爲）勤篤梁世彭
城劉綺交州刺史勃之孫早孤家貧燈燭難
荻尺寸然明讀書（一本云早孤家貧燈燭難常買荻尺寸然明夜讀）孝
元初出會稽精選寮寀綺以才華爲國常侍兼
記室殊蒙禮遇終於金紫光祿大夫（一本無大夫字）義

注尺寸下當有折上二字

陽朱詹世居江陵後出揚都好學家貧無資累日不爨乃時吞紙以實腹寒無氈被抱犬而卧犬亦飢虛起行盜食呼之不至哀聲動鄰猶不廢業卒成大學(一本作卒成學士)官至鎮南録事參軍爲孝元所禮此乃不可爲之事亦是勤學之一人東莞臧逢世年二十餘欲讀班固漢書苦假借不久乃就姊夫劉緩乞丐客刺或(一本無或字)書翰紙末手寫一本軍府服其志尚卒以漢書聞齊有主(一本無主字)官者内參田鵬鸞本蠻人也年十四五初爲閽寺便知好學懷袖握書曉夕諷誦所居卑末使役苦辛時伺閒隙周章詢請每至文林館氣喘汗流問書之外不暇他語及覩

古人節義之事，未嘗不感激沉吟久之。吾甚憐愛，倍加開奬；後被賞遇，賜名敬宣，位至侍中開府。後（一本作齊）主之奔青州，遣其西出，參伺動靜，為周軍所獲。問齊主何在，紿云：已去，計當出境。疑其不信，毆捶服之，每折一支，辭色愈厲，竟斷四體而卒。蠻夷童丱，猶能以學著忠誠（一本作以學成忠），齊之將相，比敬宣之奴不若也。

鄴平之後，見徙入關。思魯嘗謂吾曰：朝無祿位，家無積財，當肆筋力，以申供養。每被課篤，勤勞經史，未知為子，可得安乎？吾命之曰：子當以養為心，父當以教（一本作學）為事（一本作教），使汝棄學徇財，豐吾衣食，食之安得甘？衣之安得煖？若務先王

之道紹家世之業纂羡緼褐我自欲之
書曰好問則裕禮云獨學而無友則孤陋而寡
聞蓋須切磋相起明也見有閉門讀書師心自
是稠人廣坐謬誤羞（一本有差失字無羞字）慙者多矣穀
梁傳稱公子友與莒挐相搏左右呼曰孟勞孟
勞者魯之寶刀名亦見廣雅近在齊時有姜仲
岳謂孟勞者（一本無孟勞者三字）公子左右姓孟名勞多
力之人爲國所寶與吾苦諍時清河郡守邢峙
當世碩儒助吾證之赧然而伏又三輔決録云
靈帝殿柱題曰堂堂乎張京兆田郎蓋引論語
偶以四言目京兆人田鳳也有一才士乃言時
張京兆及田郎二人皆堂堂尒聞吾此說初大

驚駭其後尋媿悔焉江南有一權貴讀誤本蜀都賦注解蹲鴟芋也乃爲羊字人饋羊肉答書云損惠蹲鴟舉朝驚駭不解事義久後尋迹方知如此元氏之世在洛京時有一才學重臣新得史記音而頗紕繆誤反顓頊字頊當爲許録反錯作許緣反遂謂朝士言（一本作遂一謂言）從來謬音專旭當音專翾耳此人先有高名翕然信行朞年之後更有碩儒苦相究討方知誤焉漢書王莽贊云紫色鼃聲餘分閏位謂以僞亂真爾昔吾嘗共人談書言及王莽形狀有一俊士自許史學名價甚高乃云王莽非直鴟目虎吻亦紫色蛙聲又禮樂志云給太官挏馬酒李奇注

以馬乳爲酒也揰挏乃成二字並從手揰都統反
挏達孔反此謂撞擣挺挏之今爲酪酒亦然向學
士又以爲種桐時太官釀馬酒乃熟其孤陋遂
至於此太山羊肅亦稱學問讀潘岳賦周文弱
枝之棗爲杖策之杖世本容成造曆以曆爲碓
磨之磨談說製文援引古昔必須眼學勿信耳
受江南閭里間士大夫或不學問羞爲鄙朴道
聽塗說強事飾辭呼徵質爲周鄭謂霍亂爲博
陸上荆州必稱陝西下揚都言去海郡言食則
餬口道錢則孔方問移則楚丘論婚則宴尒及
王則無不仲宣語劉則無不公幹凡有一二百
件傳相祖述尋問莫知源由施安時復失所莊

生有乘時鵲起之説故謝脁詩曰鵲起登吳臺吾有一親表作七夕詩云今夜吳臺鵲亦共往塡河羅浮山記云望平地樹如薺故戴暠詩云長安樹如薺又鄴下有一人詠樹詩云遥望長安薺又嘗見謂矜誕爲夸毗呼高年爲富有春秋皆耳學之過也夫文字者墳籍根本世之學徒多不曉字讀五經者是徐邈而非許愼習賦誦者信褚詮而笑呂忱明史記者專皮鄒而廢篆籀學漢書者悦應蘇而略蒼雅不知書音是其枝葉小學乃其宗系至見服虔張揖音義則貴之得通俗廣雅而不屑一手之中向背如此況異代各人乎世人皆以通俗文爲服虔造未知非服虔而輕之猶謂是服虔

而輕之故此論從俗也

夫學者貴能博聞也郡國山川官位姓族衣服飲食器皿制度皆欲根尋得其原本至於文字忽不經懷已身姓名多或乖舛縱得不誤亦未知所由近世有人為子制名兄弟皆山傍立字而有名峙者兄弟皆手邊立字而有名機者兄弟皆水傍立字而有名凝者名儒碩學此例甚多若有知吾鍾之不調一何可笑吾嘗從齊王幸并州自井陘關入上艾縣東數十里有獵閭村後百官受馬粮在晉陽東百餘里亢仇城側並不識二所本是何地博求古今皆未能曉及檢字林韻集乃知獵閭是舊獵餘聚（獵音獵也）亢仇

舊是諹欿亭上音武安反下音傚悉屬上艾時太原王邵
欲撰鄉邑記注因此二名聞之大喜吾初讀莊
子蜩二首韓非子曰虫有蜩者一身兩口爭食
相齕遂相殺也茫然不識此字何音逢人輒問
了無解者案爾雅諸書蠶蛹名蜩音潰又非二首
兩口貪害之物後見古今字詁此亦古之虺字
積年凝滯豁然霧解嘗遊趙州見栢人城北有
一小水土人亦不知名後讀城南門徐整碑云
洦流東指衆皆不識吾案說文此字古魄字也
洦淺水貌此水漢來本無名矣直以淺貌目之
或當即以洦爲名乎世中書翰多稱勿勿相承
如此不知所由或有妄言此忽忽之殘缺耳案

說文勿者州里所建之旗也象其柄及三游之
形所以趣民事故怱遽者稱爲勿勿吾在益州
與數人同坐初晴日晃見地上小光問左右此
是何物有一蜀豎就視答曰是豆逼尒相顧愕
然不知所謂命將取來乃小豆也窮訪蜀士呼
粒爲逼時莫之解吾云三蒼說文此字白下爲
匕皆訓粒通俗文音方力反衆皆歡悟愍楚友
壻竇如同從河州來得一青鳥馴養愛翫舉俗
呼之爲鶡吾曰鶡出上黨數曾見之色並黃黑
無駁雜也故陳思王鶡賦云揚玄黃之勁羽試
檢說文鳻音分雀似鶡而青出羌中韻集音分此
疑頓釋梁世有蔡朗諱純既不涉學遂呼蓴爲

露葵菜面牆之徒遞相倣斆承聖中遣一士大夫聘齊齊主客郎李恕問梁使曰江南有露葵否答曰露葵是蓴水鄉所出卿今食者綠葵菜尒李亦學問但不測彼之深淺乍聞無以覈究

思魯等姨夫彭城劉靈嘗與吾坐諸子侍焉吾問儒行敏行曰凡字與諮議名同音者其數多少能盡識乎答曰未之究也請導示之吾曰凡如此例不預研檢忽見不識誤以問人反爲無賴所欺不容易也因爲說之得五十許字諸劉歎曰不意乃尒若遂不知亦爲異事校定書籍亦何容易自揚雄劉向方稱此職尒觀天下書未徧不得妄下雌黃或彼以爲非此以爲是或

本同末異或兩文皆欠不可偏信一隅也

顔氏家訓卷第三

顔氏家訓卷第四

文章　名實　涉務

文章第九

夫文章者原出五經詔命策檄生於書者也序述論議生於易者也歌詠賦誦生於詩者也祭祀哀誄生於禮者也書奏箴銘生於春秋者也朝廷憲章軍旅誓誥敷顯仁義發明功德牧民建國不可暫無一本作施用多途至於陶冶性靈從容諷諫入其滋味亦樂事也行有餘力則可習之然而自古文人多陷輕薄屈原露才揚己顯暴君過宋玉體貌容冶見遇俳優東方曼倩滑稽不雅司馬長卿竊貲無操王褒過章僮約揚雄

德敗美新李陵降辱夷虜劉歆反覆莽世傅毅
黨附權門班固盜竊父史趙元叔抗竦過度馮
敬通浮華擯壓馬季長佞媚獲誚蔡伯喈同惡
受誅吴質詆忤鄉里曹植悖慢犯法杜篤乞假
無猒路粹隘狹已甚陳琳實號麤踈繁欽性無
檢格劉楨屈強輸作王粲率躁見嫌孔融禰衡
誕傲致殞楊脩丁廙扇動取斃阮籍無禮敗俗
嵇康凌物凶終傅玄忿鬬免官孫楚矜誇凌上
陸機犯順履險潘岳乾沒取危顏延年負氣摧
黜謝靈運空踈亂紀王元長凶賊自貽謝玄暉
侮慢見及凡此諸人皆其翹秀者不能悉紀大
較如此至于帝王亦或未免自昔天子而有才

華者唯漢武魏太祖文帝明帝宋孝武帝皆負世議非懿德之君也自子游子夏荀況孟軻枚乘賈誼蘇武張衡左思之儔有盛名而免過患者時復聞之但其損敗居多耳每嘗思之原其所積文章之體標舉興會發引性靈使人矜伐故忽於持操果於進取今世文士此患彌切一事愜當一句清巧神厲九霄志凌千載自吟自賞不覺更有傍人加以砂礫所傷慘於矛戟諷刺之禍速乎風塵深宜防慮以保元吉

學問有利鈍文章有巧拙鈍學累功不妨精熟拙文研思終歸蚩鄙但成學士自足爲人必乏天才勿強操筆也吾見世人至無才思自謂清

華流布醜拙亦以衆矣江南號爲詅(力正反)癡符近在并州有一士族好爲可笑詩賦誂撆(上音窕相呼誘也下音瞥)邢魏諸公衆共嘲弄戲相讚說便擊牛釃酒招延聲譽其妻明鑒婦人也泣而諫之此人歎曰才華不爲妻子所容何況行路至死不覺自見之謂明此誠難也

學爲文章先謀親友得其評裁知可施行然後出手(一本無此四字)愼勿師心自任取笑旁人也自古執筆爲文者何可勝言然至於宏麗精華不過數十篇介但使不失體裁辭義可觀便稱才士要動俗蓋世亦俟河之淸乎

不屈二姓夷齊之節也何事非君伊箕之義也

自春秋已來家有奔亡國有吞滅君臣固無常分矣然而君子之交絕無惡聲一旦屈膝而事人豈以存亡而改慮陳孔璋居袁裁書則呼操爲豺狼在魏製檄則目紹爲蛇虺在時君所命不得自專然亦文人之巨患也當務從容消息之

或問揚雄曰吾子少而好賦雄曰然童子雕蟲篆刻壯士不爲也余竊非之曰虞舜歌南風之詩周公作鴟鴞之詠吉甫史克雅頌之美者未聞皆在幼年累德也孔子曰不學詩無以言自衛返魯樂正雅頌各得其所大明孝道引詩證之揚雄安敢忽之也若論詩人之賦麗以則辭

人之賦麗以淫但知變之而已又未知雄自爲
壯夫何如也著劇秦美新妄投于閣周章怖慴
不達天命童子之爲尒袁亮以勝老子葛洪以
方仲尼使人歎息此人直以曉筭術解陰陽故
著太玄經爲數子所惑尒其遺言餘行孫卿屈
原之不及安敢望大聖之清塵且太玄今竟何
用乎不翅覆醬而已

齊世有席毗者清幹之士官至行臺尚書嗤鄙
文學嘲劉逖云君輩辭藻譬若朝菌須臾之翫
非宏才也豈比吾徒千丈松樹常有風霜不可
凋悴矣劉應之曰既有寒木又發春華何如也
席笑曰可哉凡爲文章猶乘騏驥雖有逸氣當

以銜筞制之勿使流亂軌躅放意填坑岸也文
章當以理致爲心腎氣調爲筋骨事義爲皮膚
華麗爲冠冕今世相承趨末棄本率多浮豔辭
與理競辭勝而理伏事與才爭事繁而才損放
逸者流宕而志歸穿鑿者補綴而不足時俗如
此安能獨違但務去泰去甚尒必有盛才重譽
改革體裁者實吾所希古人之文宏材逸氣體
度風格去今實遠但緝綴疏朴未爲密緻尒今
世音律諧靡章句偶對諱避精詳賢於往昔多
矣宜以古之製裁爲本今之辭調爲末並須兩
存不可偏棄也
吾家世文章甚爲典正不從流俗梁孝元在蕃

邱時撰西府新文紀無一篇見録者亦以不偶
於世無鄭衛之音故也有詩賦銘誄書表啓疏
二十卷吾兄弟始在草土並未得編次便遭火
盪盡竟不傳於世銜酷茹恨徹於心髓操行見
於梁史文士傳及孝元懷舊志
沈隱侯曰文章當從三易易見事一也易識字
二也易讀誦三也邢子才常曰沈侯文章用事
不使人覺若胷臆語也深以此服之祖孝徵亦
嘗謂吾曰沈詩云崖傾護石髓此豈似用事耶
邢子才魏收俱有重名時俗準的以爲師匠邢
賞服沈約而輕任昉魏愛慕任昉而毀沈約每
於談讌辭色以之鄴下紛紜各爲朋黨祖孝徵

嘗謂吾曰任沈之是非乃邢魏之優劣也
吴均集有破鏡賦昔者邑號朝歌顔淵不舍里
名勝母曾參斂襟蓋忌夫惡名之傷實也破鏡
乃凶逆之獸事見漢書爲文幸避此名也比世
往往見有和人詩者題云敬同孝經云資於事
父以事君而敬同不可輕言也梁世費旭詩云
不知是耶非殷澐詩云颻颺雲母舟簡文曰旭
既不識其父澐又飄颺其母此雖悉古事不可
用也世人或有引詩伐鼓淵淵者宋書已有屢
遊之誚如此流比幸須避之北面事親別舅摛
渭陽之詠堂上養老送兄賦桓山之悲皆大失
也舉此一隅觸塗宜慎

江南文制欲人彈射知有病累隨即改之陳王
得之於丁廙也山東風俗不通擊難吾初入鄴
遂嘗以忤人至今爲悔汝曹必無輕議也
凡代人爲文皆作彼語理宜然矣至於哀傷凶
禍之辭不可輒代蔡邕爲胡金盈作母靈表頌
曰悲母氏之不永然委我而夙喪又爲胡顥作
其父銘曰葬我考議郎君袁三公頌曰猗歟我
祖出自有嬀王粲爲潘文則思親詩云躬此勞
瘁鞠予小人庶我顯妣克保遐年而並載乎邕
粲之集此例甚衆古人之所行今世以爲諱也
陳思王武帝誄遂深永蟄之思潘岳悼亡賦乃
愴手澤之遺是方父於虫蠆婦爲考也蔡邕楊

秉碑云統大麓之重潘尼贈盧景宣詩云九五思飛龍孫楚王驃騎誄云奄忽登遐陸機父誄云億兆宅心敦叙百揆姊誄云俔天之和今爲此言則朝廷之罪人也王粲贈楊德祖詩云我君餞之其樂洩洩不可妄施人子況儲君乎挽歌辭者或云古者虞殯之歌或云出自田横之客皆爲生者悼往告哀之意陸平原多爲死人自歎之言詩格旣無此例又乖製作大意凡詩人之作刺箴美頌各有源流未嘗混雜善惡同篇也陸機爲齊謳篇前叙山川物産風教之盛後章忽鄙山川之情殊失厥體其爲吴趨行何不陳子光夫差乎京洛行何不述赧王靈

帝乎
自古宏才博學用事誤者有矣百家雜說或有
不同書儻湮滅後人不見故未敢輕議之今指
知決紕繆者略舉一兩端以爲誡云詩云有鷕
雉鳴又曰雉鳴求其牡毛傳亦曰鷕雌雉聲又
云雉之朝雊尚求其雌鄭玄注月令亦云雊雄
雉鳴潘岳賦曰雉鷕鷕以朝雊是則混雜其雄
雌矣詩云孔懷兄弟孔甚也懷思也言甚可思
也陸機與長沙顧母書述從祖弟士璜死乃言
痛心拔惱有如孔懷心既痛矣即爲甚思何故
方言有如也觀其此意當爲親兄弟爲孔懷詩
云父母孔邇而呼二親爲孔邇於義通乎異物

志云𧌒劍狀如蟹但一螯偏大尒何遜詩云躍
魚如擁劍是不分魚蟹也漢書御史府中列栢
樹常有野鳥數千棲宿其上晨去暮來號朝夕
鳥而文士往往誤作烏鳶用之抱朴子說項曼
都詐稱得仙自云仙人以流霞一杯與我飲之
輒不飢渴而簡文詩云霞流抱朴椀亦猶郭象
以惠施之辨為莊周言也後漢書因司徒崔烈
以鋃鐺鏁（上音狼下音當）鋃鐺大鏁也世間多誤作金
銀字武烈太子亦是數千卷學士嘗作詩云銀
鏁三公腳刀撞僕射頭為俗所誤
文章地理必須愜當梁簡文鴈門太守行乃云
鵝軍攻日逐燕騎蕩康居大宛歸善馬小月送

降書蕭子暉隴頭水云天寒隴水急散漫俱分
瀉北注徂黄龍東流會白馬此亦明珠之纇矣
玉之瑕宜慎之
王籍入若耶溪詩云蟬噪林逾靜鳥鳴山更幽
江南以爲文外斷絕物無異議簡文吟詠不能
忘之孝元諷味以爲不可復得至懷舊志載於
籍傳范陽盧詢祖鄴下才俊乃言此不成語何
事於能魏收亦然其論詩云蕭蕭馬鳴悠悠旆
旌毛傳曰言不諠譁也吾每歎此解有情致籍
詩生於此意尒
蘭陵蕭慤梁室上黄侯之子工於篇什嘗有秋
詩云芙蓉露下落楊柳月中疎時人未之賞也

吾愛其蕭散宛然在目潁川荀仲舉瑯琊諸葛
漢亦以爲爾而盧思道之徒雅所不愜
何遜詩實爲清巧多形似之言揚都論者恨其
每病苦辛饒貧寒氣不及劉孝綽之雍容也雖
然劉甚忌之平生誦何詩常云蘧居響北闕𢡄
𢡄（呼麥反）不道車又撰詩苑止取何兩篇時人譏
其不廣劉孝綽當時既有重名無所與讓唯服
謝朓常以謝詩置几案間動靜輒諷味簡文愛
陶淵明文亦復如此江南語曰梁有三何子朗
最多三何者遜及思澄子朗也子朗信饒清巧
思澄遊廬山每有佳篇亦爲冠絶

名實第十

名之與實猶形之與影也德藝周厚則名必善焉容色姝麗則影必美焉今不修身而求令名於世者猶貌甚惡而責妍影於鏡也上士忘名中士立名下士竊名忘名者體道合德享鬼神之福祐非所以求名也立名者脩身慎行懼榮觀之不顯非所以讓名也竊名者厚貌深姦干浮華之虛稱非所以得名也

人足所履不過數寸然而咫尺之途必顛蹷於崖岸拱把之梁每沉溺於川谷者何哉為其傍無餘地故也君子之立已抑亦如之至誠之言人未能信至潔之行物或致疑皆由言行聲名無餘地也吾每為人所毀常以此自責若能開

方軌之路廣造舟之航則仲由之證鼎非言（一本作信）重於登壇之盟趙熹之降城賢於折衝之將矣吾見世人清名登而金貝入信譽顯而然諾虧不知後之矛戟毀前之干櫓也虙子賤云誠於此者形於彼人之虛實眞僞在乎心無不見乎迹但察之未熟介一爲察之所鑒巧僞不如拙誠承之以羞大矣伯石讓卿王莽辭政當于爾時自以巧密後人書之留傳萬代可爲骨寒毛竪也近有大貴以孝著聲前後居喪哀毀踰制亦足以高於人矣而嘗於苫塊之中以巴豆塗臉遂使成瘡表哭泣之過左右童竪不能掩之益使外人謂其居處飲食皆爲不信以一僞喪

百誠者乃貪名不已故也有一士族讀書不過
二三百卷天才鈍拙而家世殷厚雅自矜持多
以酒犢珍玩交諸名士甘其餌者遞共吹噓朝
廷以爲文華亦常出境聘東萊王韓晉明篤好
文學疑彼製作多非機杼遂設讌言面相討試
尒竟日歡諧辭人滿席屬音賦韻命筆爲詩彼
造次即成了非向韻衆客各自沉吟遂無覺者
韓退歎曰果如所量韓又嘗問曰玉珽杼上終
葵首當作何形乃答云珽頭曲圜勢如葵葉尒
韓既有學忍笑爲吾說之
治點子弟文章以爲聲價大弊事也一則不可
常繼終露其情二則學者有憑益不精勵鄴下

有一少年出爲襄國令頗自勉督公事經懷每加撫卹以求聲譽凡遣兵役握手送離或齎梨棗餅餌人人贈別云上命相煩情所不忍道路飢渴以此見思民庶稱之不容於口及遷爲泗州別駕此費日廣不可常周一有僞情觸塗難繼功績遂損敗矣

或問曰夫神滅形消遺聲餘價亦猶蟬殼蛇皮獸迒（音航）鳥迹介何預於死者而聖人以爲名教乎對曰勸也勸其立名則獲其實且勸一伯夷而千萬人立清風矣勸一季札而千萬人立仁風矣勸一柳下惠而千萬人立貞風矣勸一史魚而千萬人立直風矣故聖人欲其魚鱗鳳翼

雜沓參差不絶於世豈不弘哉四海悠悠皆慕
名者蓋因其情而致其善尒抑又論之祖考之
嘉名美譽亦子孫之冕服墻宇也自古及今獲
其庇廕者亦衆矣夫脩善立名者亦猶築室樹
果生則獲其利死則遺其澤世之汲汲者不達
此意若其與魂爽俱昇松栢偕茂者惑矣哉

涉務第十一

士君子之處世貴能有益於物尒不徒高談虛
論左琴右書以費人君祿位也國之用材大較
不過六事一則朝廷之臣取其鑒達治體經綸
愽雅二則文史之臣取其著述憲章不忘前古
三則軍旅之臣取其斷决有謀强幹習事四則

藩屏之臣取其明練風俗清白愛民五則使命
之臣取其識變從宜不辱君命六則興造之臣
取其程功節費開悟有術此則皆勤學守行者
所能辦也人性有長短豈責具美於六塗哉但
當皆曉指趣能守一職便無媿尒
吾見世中文學之士品藻古今若指諸掌及有
試用多無所堪居承平之世不知有喪亂之禍
處廊廟之下不知有戰陣之急保俸禄之資不
知有耕稼之苦肆吏民之上不知有勞役之勤
故難可以應世經務也晉朝南渡優借士族故
江南冠帶有才幹者擢為令僕已下尚書郎中
書舍人已上典掌機要其餘文義之士多迂誕

浮華不涉世務纖微過失又惜行捶楚所以處
於清高蓋護其短也至於臺閣令史主書監帥
諸王籤省並曉習吏用濟辦時須縱有小人之
態皆可鞭杖肅督故多見委使蓋用其長也人
每不自量舉世怨梁武帝父子愛小人而疏士
大夫此亦眼不能見其睫尒
梁世士大夫皆尚褒衣博帶大冠高履出則車
輿入則扶侍郊郭之內無乘馬者周弘正為宣
城王所愛給一果下馬常服御之舉朝以為放
達至乃尚馬郎乘馬則糾劾之及侯景之亂膚
脆骨柔不堪行步體羸氣弱不耐寒暑坐死倉
猝者往往而然建康令王復性既儒雅未嘗乘

騎見馬嘶歎陸梁莫不震懾乃謂人曰正是虎
何故名爲馬乎其風俗至此一本無自建康令王復已下一段
古人欲知稼穡之艱難斯蓋貴穀務本之道也
夫食爲民天民非食不生矣三日不粒父子不
能相存耕種之耘鉏之刈穫之載積之打拂之
簸揚之凡幾涉手而入倉廩安可輕農事而貴
末業哉江南朝士因晉中興南渡卒爲羈旅至
今八九世未有力田悉資俸祿而食假令有
者皆信僮僕爲之未嘗目觀起一墢土耘一株
苗不知幾月當下幾月當收安識世間餘務乎
故治官則不了營家則不辦皆優閑之過也
世有癡人不識仁義不知富貴並由天命爲子

娶婦恨其生資不足倚作舅姑之大蛇虺其性惡口加誣不識忌諱罵辱婦之父母却成教婦不孝已身不顧他恨但憐已之子女不愛其婦如此之人陰紀其過鬼奪其算不得與爲隣何況交結乎避之哉避之哉（此段一本見此篇一本見歸心篇後）

顏氏家訓卷第四

顏氏家訓卷第五

省事　止足　誡兵
養生　歸心

省事第十二

銘金人云無多言多言多敗無多事多事多患至哉斯戒也能走者奪其翼善飛者減其指有角者無上齒豐後者無前足蓋天道不使物有兼焉也古人云多為少善不如執一鼫鼠五能不成伎術近世有兩人朗悟士也性多營綜略無成名經不足以待問史不足以討論文章無可傳於集錄書迹未堪以留愛翫卜筮射六得三醫藥治十差五音樂在數十人下弓矢在千

百人中天文畫繪碁博鮮卑語胡書煎胡桃油鍊錫爲銀如此之類略得梗槩皆不通熟惜乎以彼神明若省其異端當精妙也
上書陳事起自戰國逮於兩漢風流彌廣原其體度攻人主之長短諫諍之徒也許羣臣之得失訟訴之類也陳國家之利害對策之伍也帶私情之與奪遊說之儔也總此四塗賈誠以求位鬻言而干祿或無私毫之益而有不省之困幸而感悟人主爲時所納初獲不貲之賞終陷不測之誅則嚴助朱買臣吾丘壽王主父偃之類甚衆良史所書蓋取其狂狷一介論政得失亦非士君子守法度者所爲也今世所覩懷瑾

瑜而握蘭桂者悉恥爲之守門詣闕獻書言計
率多空薄高自矜夸無經略之大體咸粃糠之
微事十條之中一不足採縱合時務已漏先覺
非謂不知但患知而不行爾或被發姦私面相
酬證事途迴穴翻懼愆尤人主外護聲教脫加
含養此乃僥倖之徒不足與比肩也
諫諍之徒以正人君之失爾必在得言之地當
盡匡贊之規不容苟免偷安垂頭塞耳至於就
養有方思不出位子非其任斯則罪人故表記
云事君遠而諫則諂也近而不諫則尸利也論
語曰未信而諫人以爲謗己也
君子當守道崇德蓄價待時爵祿不登信由天

命須求趨競不顧羞慙比較材能斟量功伐厲
色揚聲東怨西怒或有劫持宰相瑕疵而獲酬
謝或有諠聒時人視聽求見發遣以此得官謂
爲才力何異盜食致飽竊衣取溫哉世見躁競
得官者便爲弗索何獲不知時運之來不然亦
至也見靜退未遇者便爲弗爲胡成不知風雲
不與徒求無益也凡不求而自得求而不得者
焉可勝算乎
齊之季世多以財貨託附外家諠動女謁拜守
宰者印組光華車騎輝赫榮兼九族取貴一時
而爲執政所患隨而伺察既以利得必以利殆
微染風塵便乖肅正坑穽殊深瘡痏未復縱得

况死莫不破家然後噬臍亦復何及吾自南及北未嘗一言與時人論身分也不能通達亦無尤焉

王子晉云佐饔得嘗佐鬬得傷此言為善則預為惡則去不欲黨人非義之事也凡損於物皆無與焉然而窮鳥入懷仁人所憫况死士歸我當弃之乎伍貟之託漁舟季布之入廣柳孔融之藏張儉孫嵩之匿趙岐前代之所貴而吾之所行也以此得罪甘心瞑目至如郭解之代人報讎灌夫之横怒求地游俠之徒非君子之所為也如有逆亂之行得罪於君親者亦不足卹焉親友之迫危難也家財已力當無所吝若横

生圖計無理請謁非吾教也墨翟之徒世謂熱
腹楊朱之侶世謂冷腸腸不可冷腹不可熱當
以仁義爲節文爾
前在脩文令曹有山東學士與關中太史競曆
凡十餘人紛紜累歲內史牒付議官平之吾執
論曰大抵諸儒所爭四分并減分兩家爾曆象
之要可以晷景測之今驗其分至薄蝕則四分
䟽而減分密䟽者則稱政令有寬猛運行致盈
縮非算之失也密者則云日月有遲速以術求
之預知其度無災祥也用䟽則藏姦而不信用
密則任數而違經且議官所知不能精於訟者
以淺裁深安有肯服既非格令所司幸勿當也

舉曹貴賤咸以為然有一禮官恥為此讓苦欲留連強加考覈機杼既薄無以測量還復採訪訟人窺望長短朝夕聚議寒暑煩勞背春涉冬竟無予奪怨誚滋生赧然而退終為內史所迫此好名之辱也一本此好名好事之弊也

止足第十三

禮云欲不可縱志不可滿宇宙可臻其極情性不知其窮唯在少欲知足為立涯限爾先祖靖侯戒子姪曰汝家書生門戶世無富貴自今仕宦不可過二千石婚姻勿貪勢家吾終身服膺以為名言也

天地鬼神之道皆惡滿盈謙虛沖損可以免害

人生衣趣以覆寒露食趣以塞飢乏爾形骸之
内尚不得奢靡己身之外而欲窮驕泰耶周穆
王秦始皇漢武帝富有四海貴爲天子不知紀
極猶自敗累況士庶乎常以爲二十口家奴婢
盛多不可出二十人良田十頃堂室纔蔽風雨
車馬僅代杖策蓄財數萬以擬吉凶急速不啻
此者皆以義散之不至此者勿非道求之
仕宦稱泰不過處在中品前望五十人後顧五
十人足以免恥辱無傾危也高此者便當罷謝
偃仰私庭吾近爲黄門郎已可收退當時羇旅
懼罹謗讟思爲此計僅未暇爾自喪亂已來見
因託風雲徼倖富貴旦執機權夜填坑谷朔歡

卓鄭晦並顏原者非十人五人也慎之哉慎之哉

誡兵第十四

顏氏之先本乎鄒魯或分入齊世以儒雅為業徧在書記仲尼門徒升堂者七十有二顏氏居八人焉秦漢魏晉下逮齊梁未有用兵以取達者春秋之世顏高顏鳴顏息顏羽之徒皆一鬭夫齊有顏涿聚趙有顏冣或作聚漢末有顏良宋有顏延之並處將軍之任竟以顛覆漢郎顏駟自稱好武更無事迹顏忠以黨楚王受誅顏俊以據武威見殺得姓已來無清操者唯此二人皆罹禍敗頃世亂離衣冠之士雖無身手或

聚徒衆違弃素業徼倖戰功吾既羸薄仰惟前代故寘心於此子孫誌之孔子力翹門關不以力聞此聖證也吾見今世士大夫纔有氣幹便倚賴之不能被甲執兵以衛社稷但微行險服逞弄拳擊大則陷危亡小則貽恥辱遂無免者國之興亡兵之勝敗博學所至幸討論之入帷幄之中參廟堂之上不能爲主畫規以謀社稷君子所恥也然而每見文士頗讀兵書微有經略若居承平之世睥睨宮閫幸災樂禍首爲逆亂詿誤善良如在兵革之時（太上御名）扇反覆縱橫說誘不識存亡強相扶戴此皆陷身滅族之本也誡之哉誡之哉習五兵便騎乘正可稱武夫

亦今世士大夫但不讀書即自稱武夫兒乃飯囊酒甕也

養生第十五

神仙之事未可全誣但性命在天或難鍾值人生居世觸途牽縶幼少之日旣有供養之勤成立之年便增妻孥之累衣食資須公私驅役而望遁跡山林超然塵滓千萬不遇一爾加以金玉之費鑪器所須益非貧士所辦學若牛毛成如麟角華山之下白骨如莽何有可遂之理考之內教縱使得仙終當有死不能出世不願汝曹專精於此若其愛養神明調護氣息愼節起卧均適暄寒禁忌食飲將餌藥物遂其所禀不

為夭折者吾無間然諸藥餌法不廢世務也庾
肩吾常服槐實年七十餘目看細字鬚髮猶黑
鄴中朝士有單服杏仁枸杞黄精术煎（一本有車前字）
者得益者甚多不能一一說尓（一本無此六字）吾嘗患
齒搖動欲落飲食熱冷皆苦疼痛見抱朴子牢
齒之法早朝建齒三百下爲良行之數日即便
平愈今恒持之此輩小術無損於事亦可脩也
凡諸餌藥陶隱居太清方中惣録甚備但須精
審不可輕脫近有王愛州在鄴學服松脂不得
節度腸塞而死爲藥所誤者甚多
夫養生者先須慮禍全身保性有此生然後養
之勿徒養其無生也單豹養於内而喪外張毅

養於外而喪內前賢所戒也嵇康著養生之論
而以傲物受刑石崇冀服餌之徵一本作延年而以
貪溺取禍往世之所迷也
夫生不可不惜不可苟惜涉險畏之途干禍難
之事貪欲以傷生讒慝而致死此君子之所惜
哉行誠孝而見賊履仁義而得罪喪身以全家
泯軀而濟國君子不咎也自亂離已來吾見名
臣賢士臨難求生終爲不救徒取窘辱令人憤
懣侯景之亂王公將相多被戮辱妃主姬妾略
無全者唯吳郡太守張嵊建義不捷爲賊所害
辭色不撓及鄱陽王世子謝夫人登屋詬怒見
射而斃夫人謝遵女也何賢智操行若此之難

婢妾引決若此之易悲夫

歸心第十六

三世之事信而有徵家世業此勿輕慢也其間妙旨具諸經論不復於此少能讚述但懼汝曹猶未牢固略動勸誘爾原夫四塵五廕剖析形有六舟三駕運載羣生萬行歸空千門入善辯才智惠豈徒七經百氏之博哉明非堯舜周孔所及也内外兩教本爲一體漸極爲異深淺不同内典初門設五種禁外典仁義禮智信皆與之符仁者不殺之禁也義者不盜之禁也禮者不邪之禁也智者不淫之禁也信者不妄之禁也至如畋狩軍旅燕享刑罰因民之性不可卒

除貌爲之節使不淫濫爾歸周孔而背釋宗何
其迷也俗之謗者大抵有五其一以世界外事
及神化無方爲迂誕也其二以吉凶禍福或未
報應爲欺誑也其三以僧尼行業多不精純爲
姦慝也其四以糜費金寶減耗課役爲損國也
其五以縱有因緣如報善惡安能辛苦今日之
甲利後世之乙乎爲異人也今並釋之于下云
釋一曰夫遥大之物寧可度量今人所知莫著
天地天爲積氣地爲積塊日爲陽精月爲陰精
星爲萬物之精儒家所安也星有墜落乃爲石
矣精若是石不得有光性又質重何所繫屬一
星之徑大者百里一宿首尾相去數萬百里之

物數萬相連闊狹從斜常不盈縮又星與日月
形色同爾但以大小爲其等差然而日月又當
石也石既牢密烏兎焉容石在氣中豈能獨運
日月星辰若皆是氣氣體輕浮當與天合往來
環轉不得錯違其間遲疾理宜一等何故日月
五星二十八宿各有度數移動不均寧當氣墜
忽變爲石地既滓濁法應沉厚鑿土得泉乃浮
水上積水之下復有何物江河百谷從何處生
東流到海何爲不溢歸塘尾閭渫何所到沃焦
之石何氣所然潮汐去還誰所節度天漢懸指
那不散落水性就下何故上騰天地初開便有
星宿九州未劃列國未分剪疆區野若爲躔次

封建已來誰所制割國有增減星無進退災祥禍福就中不差乾象之大列星之數何爲分野止繫中國昴爲旄頭匈奴之次西胡東越彫題交阯獨弃之乎以此而求迄無了者豈得以人事尋常抑必宇宙外也凡人之信唯耳與目耳目之外咸致疑焉儒家說天自有數義或渾或蓋乍宣乍安斗極所周管維所屬若所親見不容不同若所測量寧足依據何故信凡人之臆說迷大聖之妙旨而欲必無恒沙世界微塵數劫也而鄒衍亦有九州之談山中人不信有魚大如木海上人不信有木大如魚漢武不信弦膠魏文不信火布胡人見錦不信有虫食樹吐

然所成昔在江南不信有千人氈帳及來河北不信有二萬斛船皆實驗也世有祝師及諸幻術猶能履火蹈刃種瓜移井倏忽之間十變五化人力所爲尚能如此何況神通感應不可思量千里寶幢百由旬座化成淨土踊出妙塔乎

釋二曰夫信謗之徵有如影響耳聞眼見其事已多或乃精誠不深業緣未感時儻差闌終當獲報尒善惡之行禍福所歸九流百氏皆同此論豈獨釋典爲虛妄乎項橐顏回之短折原憲伯夷之凍餒盜跖莊蹻之福壽齊景桓魋之富強若引之先業冀以後生更爲通尒如以行善而偶鍾禍報爲惡而儻值福徵便生怨尤即爲

欺誑則亦堯舜之云虛周孔之不實也又欲安
所依信而立身乎
釋三曰開闢已來不善人多而善人少何由悉
責其精絜乎見有名僧高行棄而不說若覩凡
僧流俗便生非毀且學者之不勤豈教者之爲
過俗僧之學經律何異士人之學詩禮以詩禮
之教格朝廷之人略無全行者以經律之禁格
出家之輩而獨責無犯哉且闕行之臣猶求祿
位毀禁之侶何慙供養乎其於戒行自當有犯
一披法服已墮僧數歲中所計齋講誦持比諸
白衣猶不啻山海也
釋四曰內教多途出家自是其一法尒若能誠

孝在心仁惠爲本須達流水不必剃落鬚髮豈
令罄井田而起塔廟窮編户以爲僧尼也皆由
爲政不能節之遂使非法之寺妨民稼穡無業
之僧失國賦算非大覺之本旨也抑又論之求
道者身計也惜費者國謀也身計國謀不可兩
遂誠臣徇主而弃親孝子安家而忘國各有行
也儒有不爲王侯高尚其事隱有讓王辭相避
世山林安可計其賦役以爲罪人若能偕化黔
首悉入道場如妙樂之世穰佉之國則有自然
稻米無盡寶藏安求田蠶之利乎
釋五曰形體雖死精神猶存人生在世望於後
身似不相屬及其殁後則與前身猶老少朝夕

尒世有神魂示現夢想或降僮妾或感妻孥求
索飲食徵須福祐亦爲不少矣今人貧賤疾苦
莫不怨尤前世不脩功業以此而論安可不爲
之作地乎夫有子孫自是天地間一蒼生尒何
預身事而乃愛護遺其基址況於己之神爽頓
欲棄之哉凡夫蒙蔽不見未來故言彼生與今
非一體尒若有天眼鑒其念念隨滅生生不斷
豈可不怖畏耶又君子處世貴能克己復禮濟
時益物治家者欲一家之慶治國者欲一國之
良僕妾臣民與身竟何親也而爲勤苦修德乎
亦是堯舜周孔虛失愉樂尒一人脩道濟度幾
許蒼生免脫幾身罪累幸熟思之汝曹若觀俗

計樹立門戶不棄妻子未能出家但當兼脩戒行留心誦讀以爲來世津梁人身難得勿虛過也儒家君子尚離庖廚見其生不忍其死聞其聲不食其肉高柴折像未知内教皆能不殺此乃仁者自然用心含生之徒莫不愛命去殺之事必勉行之好殺之人臨死報驗子孫殃禍其數甚多不能悉録尒且示數條於末梁世有人常以雞卵白和沐云使髮光每沐輒破二三十枚臨死髮中但聞啾啾數千雞雛聲江陵劉氏以賣鱓羹爲業後生一兒頭具是鱓自脛已下方爲人尒王克爲永嘉郡守有人餉羊集賓欲讌而羊繩解來投一客先跪兩拜便入衣中此

客竟不言之因無救請須臾宰羊爲炙先行至
客一臠入口便下皮內周行遍體痛楚號叫方
復說之遂作羊鳴而死梁孝元在江州時有人
爲望蔡縣令經劉敬躬亂縣廨被焚寄寺而住
民將牛酒作禮縣令以牛繫剎柱屏除形像鋪
設牀坐於堂上接賓未殺之頃牛解徑來至階
而拜縣令大笑命左右宰之飲噉醉飽便臥簷
下投醒而覺體痒爬搔隱疹因尔成癩十許年
死楊思達爲西陽郡守值侯景亂時復旱儉飢
民盜田中麥思達遣一部曲守視所得盜者輙
截手腕凡戮十餘人部曲後生一男自然無手
齊有一奉朝請家甚豪侈非手殺牛噉之不美

年三十許病篤大見牛來舉體如被刀刺叫呼
而終江陵高偉隨吾入齊凡數年向幽州淀中
捕魚後病每見羣魚齧之而死

顏氏家訓卷第五

顔氏家訓卷第六

書證第十七

詩云參差荇菜爾雅云荇接余也字或爲莕先儒解釋皆云水草圓葉細莖隨水淺深今是水悉有之黄花似蓴江南俗亦呼爲猪蓴或呼爲荇菜劉芳具有注釋而河北俗人多不識之博士皆以參差者是莧菜呼人莧爲人荇亦可笑之甚

詩云誰謂荼苦禮云苦菜秀爾雅毛詩傳並以荼苦菜也案易統通卦驗玄圖曰苦菜生於寒秋更冬歷春得夏乃成今中原苦菜則如此也一名游冬葉似苦苣而細摘斷有白汁花黄似

菊江南別有苦菜葉似酸漿其花或紫或白子大如珠熟時或赤或黑此菜可以釋勞案郭璞注爾雅此乃蘵黃蒢也今河北謂之龍葵梁世講禮者以此當苦菜既無宿根至春子方生耳亦大誤也又高誘注呂氏春秋曰榮而不實曰英苦菜當言英益知非龍葵也

詩云有杕之杜江南本並木傍施大傳曰杕獨皃也徐仙民音徒計反說文曰杕樹皃也在木部韻集音次第之第而河北本皆爲夷狄之狄讀亦如字此大誤也

詩云駉駉牡馬江南書皆作牝牡之牡河北本悉爲放牧之牧鄴下博士見難云駉頌既美僖

公牧于坰野之事何限騂騭乎余答曰案毛傳云駉駉良馬腹幹肥張也其下又云諸侯六閑四種有良馬戎馬田馬駑馬若作放牧之意通於牝牡則不容限在良馬獨得駉駉之稱良馬天子以駕玉輅諸侯以充朝聘郊祀必無騂也周禮圉人職良馬匹一人駑馬麗一人圉人所養亦非騂也頌人舉其強駿者言之於義爲得也易云良馬逐逐左傳云以其良馬二亦精駿之稱非通語也今以詩傳良馬通於牧騂恐失毛生之意且不見劉芳義證乎

月令云荔挺出鄭玄注云荔挺馬薤也說文云荔似蒲而小根可爲刷廣雅云馬薤荔也通俗

文亦云馬藺易統通卦驗玄圖云荔挺不出則國多火災蔡邕月令章句云荔似挺高誘注呂氏春秋云荔草挺出也然則月令注荔挺爲草名誤矣河北平澤率生之江東頗有此物人或種於階庭但呼爲旱蒲故不識馬薤講禮者乃以爲馬莧馬莧堪食亦名豚耳俗曰馬齒江陵嘗有一僧面形上廣下狹劉緩幼子民譽年始數歲俊晤善體物見此僧云面似馬莧其伯父縚因呼爲荔挺法師縚親講禮名儒尚誤如此

詩云將其來施施毛傳云施施難進之意鄭箋云施施舒行貌也韓詩亦重爲施施河北毛詩皆云施施江南舊本悉單爲施俗遂是之恐爲

少誤

詩云有渰萋萋興雲祁祁（詩興雨祁祁注云興雨如字本作興雲非）也毛傳云渰弇陰雲貌萋萋雲行貌祁祁徐貌也箋云古者陰陽和風雨時其來祁祁然不暴疾也案渰已是陰雲何勞復云興雲祁祁耶雲當爲雨俗寫誤介班固靈臺詩云三光宣精五行布序習習祥風祁祁甘雨此其證也

禮記云定猶豫決嫌疑離騷曰心猶豫而狐疑先儒未有釋者案尸子曰五尺犬爲猶說文云隴西謂犬子爲猶吾以爲人將犬行犬好豫在人前待人不得又來迎候如此往還至于終日斯乃豫之所以爲未定也故稱猶豫或以爾雅

曰猶如麂善登木猶獸名也既聞人聲乃豫緣
木如此上下故稱猶豫狐之爲獸又多猜疑故
聽河冰無流水聲然後敢渡今俗云狐疑虎卜
則其義也
左傳曰齊侯痎遂痁說文云痎二日一發之瘧
痁有熱瘧也案齊侯之病本是間日一發漸加
重乎故爲諸侯憂也今北方猶呼痎瘧音皆而
世間傳本多以痎爲疥杜征南亦無解釋徐仙
民音介俗儒就爲通云病疥令人惡寒變而成
痁此臆說也疥癬小疾何足可論寧有患疥轉
作瘧乎
尚書曰惟景響周禮云土圭測景景朝景夕孟

子曰罔景失形莊子云罔兩問景如此等字皆當爲光景之景凡陰景者因光而生故即爲景淮南子呼爲景柱廣雅云晷柱掛景並是也至晉世葛洪字苑傍始加彡彡音音於景反而世間輙改治尚書周禮莊孟從葛洪字甚爲失矣太公六韜有天陳地陳人陳雲鳥之陳論語曰衛靈公問陳於孔子左傳爲魚麗之陳俗本多作阜傍車乗之車按諸陳隊並作陳鄭之陳夫行陳之義取於陳列尒此六書爲假借也蒼雅及近世字書皆無别字唯王羲之小學章獨阜傍作車縱復俗行不宜追改六韜論語左傳也詩云黃鳥于飛集于灌木傳云灌木叢木也此

乃爾雅之文故李巡注曰木叢生曰灌爾雅末
章又云木族生爲灌族亦叢聚也所以江南詩
古本皆爲叢聚之叢而古叢字似最字近世儒
生因改爲最最解云木之最高長者案諸家爾雅
及解詩無言此者唯周續之毛詩注音爲徂會
反又音祖會反劉昌宗詩注音爲在公反又徂
會反皆爲穿鑿失爾雅訓也
也是語已及助句之辭文籍備有之矣河北經
傳悉略此字其間字有不可得無者至如伯也
執殳於旅也語曰也屢空風風也數也及詩傳
云不戢戢也不儺儺也不多多也如斯之類儻
削此文頗成廢闕詩言青青子衿傳曰青衿青

領也學子之服按古者斜領下連於衿故謂領
爲衿孫炎郭璞注爾雅曹大家注列女傳並云
衿交領也鄴下詩本既無也字羣儒因謬說云
青衿青領是衣兩處之名皆以青爲飾用釋青
青二字其失大矣又有俗學聞經傳中時須也
字輒以意加之每不得所益誠可笑

易有蜀才注江南學士遂不知是何人王儉四
部目録不言姓名題云王弼後人謝炅夏侯該（一本該字下注云五代和宮傳疑本作諺作詠未定）並讀數千卷書皆疑
是譙周而李蜀書一名漢之書云姓范名長生
自稱蜀才南方以晉家渡江後北間傳記皆名
爲僞書不肯省讀故不見也

禮王制云羸股肱鄭注云謂揎衣出其臂脛今
書皆作擐甲之擐國子博士蕭該云擐當作揎
音宣擐是穿著之名非出臂之義案字林蕭讀
是徐爰音患非也
漢書田肎賀上江南本皆作宵字沛國劉顯博
覽經籍偏精班漢梁代謂之漢聖顯子臻不墜
家業讀班史呼爲田肎梁元帝嘗問之答曰此
無義可求但臣家舊本以雌黄改宵爲肎元帝
無以難之吾至江北見本爲肎
漢書王莽贊云紫色蠅聲餘分閏位蓋謂非玄
黄之色不中律呂之音也近有學士名問甚高
遂云王莽非直鳶髆虎視而復紫色蠅聲亦爲

誤矣

簡策字竹下施朿（反七賜）末代隸書似杷宋之宋亦有竹下遂爲夾者猶如刺史之傍應爲朿今亦作夾徐仙民春秋禮音遂以筴爲正字以策爲音殊爲顛倒史記又作悉字誤而爲述作妬字誤而爲姤裴徐鄒皆以悉字音述以妬字音姤既爾亦可以亥爲豕字音以帝爲虎字音乎

張揖云虙今伏羲氏也孟康漢書古文注亦云虙今伏而皇甫謐云伏羲或謂之宓羲按諸經史緯候遂無宓羲之號虙字從虍（音呼）宓字從宀（音綿）下俱爲必末世傳寫遂誤以虙爲宓而帝王世紀因誤更立名亦何以驗之孔子弟子虙子

朿

刺朿

賤爲單父宰即虙犧之後俗字亦爲宓或復加
山今兖州永昌郡城舊單父地也東門有子賤
碑漢世所立乃云濟南伏生即子賤之後是知
虙之與伏古來通字誤以爲宓較可知矣
太史公記曰寧爲雞口無爲牛後此是刪戰國
策尒按延篤戰國策音義曰尸雞中之主從牛
子然則口當爲尸後當爲從俗寫誤也
應劭風俗通云太史公記高漸離變名易姓爲
人庸保匿作於宋子久之作苦聞其家堂客有
擊筑伎癢不能無出言案伎癢者懷其伎而腹
癢也是以潘岳射雉賦亦云徒心煩而伎癢今
史記並作徘佪或作徬徨不能無出言是爲俗

傳寫誤尒

太史公論英布曰禍之興自愛姬生於妬媚以至滅國又漢書外戚傳亦云成結寵妾妬媚之誅此二媚並當作媢媢亦妬也義見禮記三蒼且五宗世家亦云常山憲王后妬媢王充論衡云妬夫媢婦生則忿怒鬭訟益知媢是妬之別名原英布之誅爲意賁(音肥)赫尒不得言媚

史記始皇本紀二十八年丞相隗林丞相王綰等議於海上諸本皆作山林之林開皇二年五月長安民掘得秦時鐵稱權旁有銅塗鐫銘二所其一所曰廿六年皇帝盡幷兼天下諸侯黔首大安立號爲皇帝乃詔丞相狀綰灋度量剔

則不壹歉疑者皆明壹之凡四十字其一所曰
元年制詔丞相斯去疾灋度量盡始皇帝爲之
皆　刻辭焉今襲號而刻辭不稱始皇帝其於
久遠也如後嗣爲之者不稱成功盛德刻此詔
　左使毋疑凡五十八字一字磨滅見有五十
七字了了分明其書兼爲古隸余被勑寫讀之
與内史令李德林對見此稱權今在官庫其丞
相狀字乃爲狀貌之狀爿旁作犬則知俗作隗
林非也當爲隗狀尒
漢書云中外禔福字當從示禔安也音匙匕之
匙義見蒼雅方言河北學士皆云如此而江南
書本多誤從手屬文者對耦並爲提挈之意恐

名諱也
或問漢書注爲元后父名禁改禁中爲省中何
故以省代禁答曰案周禮宮正掌王宮之戒令
糾禁鄭注云糾猶割也察也一本無猶割也三字李登云
省察也張揖云省今省督也然則小井所領二
反並得訓察其處既常有禁衛省察故以省代
禁督古察字也
漢明帝紀爲四姓小侯立學按桓帝加元服又
賜四姓及梁鄧小侯帛是知皆外戚也明帝時
外戚有樊氏郭氏陰氏馬氏爲四姓謂之小侯
者或以年小獲封故須立學尒或以侍祠猥朝
侯非列侯故曰小侯禮云庶方小侯則其義也

後漢書云鸛雀銜三鱓音善魚多假借爲鱣鮪之
鱣俗之學士因謂之爲鱣魚案魏武四時食制
鱣魚大如五斗匳長一丈郭璞注爾雅鱣長二
三丈安有鸛雀能勝一者況三乎鱣又純灰色
無文章也鱓魚長者不過三尺大者不過三指
黃地黑文故都講云蛇鱓卿大夫服之象也續
漢書及搜神記亦說此事皆作鱓字孫卿云魚
鼈鰌鱣及韓非說苑皆曰鱣似蛇蠶似蠋並作
鱣字假鱣爲鱓其來久矣
後漢書酷吏樊曄爲天水郡守涼州爲之歌曰
寧見乳虎穴不入曄城寺而江南書本穴皆誤
作六學士因循迷而不寤夫虎豹穴居事之較

者所以班超云不探虎穴安得虎子寧當論其
六七耶
後漢書楊由傳云風吹削肺此是削札牘之柿
介古者書誤則削之故左傳云削而投之是也
或即謂札爲削王褒僮約曰書削代牘蘇竟書
云昔以摩研編削之才皆其證也詩云伐木滸
滸毛傳云滸滸柿貌也史家假借爲肝肺字俗
本因是悉作脯腊之脯或爲反哺之哺字學士
因解云削哺是屛障之名既無證據亦爲妄矣
此是風角占候介風角書曰庶人風若拂地揚
塵轉削若是屛障何由可轉也
三輔決録云前隊大夫范仲公鹽豉蒜果共一

筩果當作魏顆之顆北土通呼物一由改爲一
顆蒜顆是俗間常語耳故陳思王鷂雀賦曰頭
如果蒜目似擘椒又道經云合口誦經聲璅璅
眼中淚出珠子碨其字雖異其音與義頗同江
南但呼爲蒜符不知謂爲顆學士相承讀爲裹
結之裹言鹽與蒜共一苞裹內筩中耳正史削
繁音義又音蒜顆爲苦戈反皆失也
有人訪吾曰魏志蔣濟上書云弊攰之民是何
字也余應之曰意爲攰即是𢿱倦之𢿱耳要用字苑云攰音九僞反字亦見廣蒼廣雅及陳思王集張揖呂忱並云支傍作
刀劍之刀亦是剞字不知蔣氏自造支傍作筋
力之力或借剞字終當音九僞反

晉中興書太山羊曼常頹縱任俠飲酒誕節兖州號爲䵝伯此字皆無音訓梁孝元帝嘗謂吾曰由來不識唯張簡憲見教呼爲嚃羹之嚃自尒便遵承之亦不知所出簡憲是湘州刺史張纘謚也江南號爲碩學案法盛世代殊近當是耆老相傳俗閒又有䵝䵝語蓋無所不見無所不容之意也顧野王玉篇誤爲黑傍沓顧雖博物猶出簡憲孝元之下而二人皆云重邊吾所見數本並無作黑者重沓是多饒積厚之意從黑更無義旨

古樂府歌詞先述三子次及三婦婦是對舅姑之稱其末章云丈人且安坐調絃未遽央古者

子婦供事舅姑旦夕在側與兒女無異故有此
言丈人亦長老之目今世俗猶呼其祖考爲先
士丈人又疑丈當爲大北間風俗婦呼舅爲大
人公丈之與大易爲誤尒近代文士頗作三婦
詩乃爲匹嫡並耦己之羣妻之意又加鄭衛之
辭大雅君子何其謬乎
古樂府歌百里奚詞曰百里奚五羊皮憶別時
烹伏雌吹扊扅今日冨貴忘我爲吹當作炊煑
之炊案蔡邕月令章句曰鍵關牡也牡所以止
扉也或謂之剡移然則當時貧困并以門牡木
作薪炊介聲類作扊扅又或作扂
通俗文世間題云河南服虔字子慎造虔既是

漢人其敘乃引蘇林張揖蘇張皆是魏人且鄭
玄以前全不解反語通俗反音甚會近俗阮孝
緒又云李虔所造河北此書家藏一本遂無作
李虔者晉中經簿及七志並無其目竟不得知
誰制然其文義允愜實是高才殷仲堪常用字
訓亦引服虔俗說今復無此書未知即是通俗
文爲當有異近代或更有服虔乎不能明也
或問山海經夏禹及益所記而有長沙零陵桂
陽諸暨如此郡縣不少以爲何也答曰史之闕
文爲日久矣加復秦人滅學董卓焚書典籍錯
亂非止於此譬猶本草神農所述而有豫章朱
崖趙國常山奉高眞定臨淄馮翊等郡縣名出

諸蘂物爾雅周公所作而云張仲孝友仲尼脩
春秋而經書孔丘卒世本左丘明所書此說出皇甫謐
帝王世紀而有燕王喜漢高祖汲冢瑣語乃載秦望
碑蒼頡篇李斯所造而云漢兼天下海内并廁
豨黥韓覆畔討滅殘一本作㓕殘列仙傳劉向所造
而賛云七十四人出佛經列女傳亦向所造其
子歆又作頌終于趙悼后而傳有更始韓夫人
明德馬后及梁夫人嫕皆由後人所羼非本文
也

或問曰東宮舊事何以呼鴟尾為祠尾答曰張
敞者吳人不甚稽古隨宜記注逐鄉俗訛謬造
作書字介吳人呼祠祀為鴟祀故以祠代鴟字

呼紺爲禁故以糸旁作禁代紺字呼盞爲竹簡
反故以木傍作展以代盞字呼鑊字爲霍字故
以金傍作霍代鑊字又金傍作患爲鐶字木傍
作鬼爲魁字火傍作庶爲炙字旣下作毛爲髻
字金花則金傍作華窻扇則木傍作扇諸如此
類專輒不少

又問東宮舊事六色罽緩是何等物當作何音

答曰按說文云莙牛藻也讀若威音隱隱疑是字鳩
瑰反即陸璣所謂聚藻葉如蓬者也又郭璞注
三蒼亦云蘊藻之類也細葉蓬茸生然今水中
有此物一節長數寸細茸如絲圓繞可愛長者
二三十節猶呼爲莙又寸斷五色絲橫著線股

閒繩之以象著草用以飾物即名爲著于時當

紺六色罽作此著以飾緄帶張敞因造糸旁畏

尒宜作偎

栢人城東北有一孤山古書無載者唯闞駰十三州志以爲舜納于大麓即謂此山其上今猶有堯祠焉世俗或呼爲宣務山或呼爲虛無山莫知所出趙郡士族有李穆叔季節兄弟李普濟亦爲學問並不能定鄉邑此山尒嘗爲趙州佐共太原王邵讀栢人城西門内碑碑是漢桓帝時栢人縣民爲縣令徐整所立銘云土有巏務王喬所仙方知此巏務山也巏字遂無所出務字依諸字書即旄丘之旄也旄字字林一音

亡付反今依附俗名當音權務尒入鄴爲魏收
說之收大嘉歎值其爲趙州莊嚴寺碑銘因云
權務之精即用此也
或問一夜何故五更更何所訓答曰漢魏以來
謂爲甲夜乙夜丙夜丁夜戊夜又云鼓一鼓二
鼓三鼓四鼓五鼓亦云一更二更三更四更五
更皆以五爲節西都賦亦云衛以嚴更之署所
以尒著假令正月建寅斗柄夕則指寅曉則指
午矣自寅至午凡歷五辰冬夏之月雖復長短
參差然辰間遼闊盈不至六縮不至四進退常
在五者之間更歷也經也故曰五更尒
爾雅云朮山薊也郭璞注云今朮似薊而生山

中案木葉其體似薊近世文士遂讀薊爲筋肉之筋以耦地骨用之恐失其義

或問俗名傀儡子爲郭禿有故實乎答曰風俗通云諸郭皆諱禿當是前世有姓郭而病禿者滑稽調戲故後人爲其象呼爲郭禿猶文康象庾亮尒

或問曰何故名治獄參軍爲長流乎答曰帝王世紀云帝少昊崩其神降于長流之山此專本出山海經流作留於祀主秋此説本然月令按周禮秋官司寇主刑罰長流之職漢魏捕賊掾尒晉宋以來始爲參軍上屬司寇故取秋帝所居爲嘉名焉

客有難主人曰今之經典子皆謂非説文所明子皆云是然則許慎勝孔子乎主人拊掌大笑

應之曰今之經典皆孔子手迹耶客曰今之說文皆許慎手迹乎答曰許慎檢以六文貫以部分使不得誤誤則覺之孔子存其義而不論其文也先儒尚得改文從意何況書寫流傳耶必如左傳止戈爲武反正爲乏皿蟲爲蠱亥有二首六身之類後人自不得輒改也安敢以說文校其是非哉且余亦不專以說文爲是也其有援引經傳與今乖者未之敢從又相如封禪書曰導一莖六穗於庖犧雙觡共抵之獸此導訓擇光武詔云非徒有豫養導擇之勞是也而說文云導是禾名引封禪書爲證無妨自當有禾名導非相如所用也禾一莖六穗於庖豈成文

乎縱使相如天才鄙拙強爲此語則下句當云
麟雙觡共抵之獸不得云犢也吾嘗笑許純儒
不達文章之體如此之流不足憑信大抵服其
爲書隱括有條例剖析窮根源鄭玄注書往往
引其爲證若不信其說則冥冥不知一點一畫
有何意焉世間小學者不通古今必依小篆是
正書記凡爾雅三蒼說文豈能悉得蒼頡本指
哉亦是隨代損益互有同異西晉巳往字書何
可全非但令體例成就不爲專輒尒考校是非
特須消息至如仲尼居三字之中兩字非體三
蒼尼旁益丘說文居下施凡如此之類何由可
從古無二字又多假借以中爲仲以說爲悅以

召爲邵以閒爲閞如此之從亦不勞改自有訛謬過成鄙俗亂旁爲舌揖下無耳黿鼉從龜奮奪從雚(胡官切)席中加帶惡上安西鼓外設皮鑿頭生毀離則配禹壑乃施豁巫混經旁皐分澤片獵化爲獦(音曷獸名出山海經)寵變成竉(竉音郎動反孔也故從穴)業左益土靈底著器率字自有律音強改爲别單字自有善音輙析成異如此之類不可不治吾昔初看說文蚩薄世字從正則懼人不識隨俗則意嫌其非畧是不得下筆也所見漸廣更知通變救前之執將欲半焉若文章著述猶擇微相影響者行之官曹文書世間尺牘幸不違俗也案彌亘字從二閒舟詩云亘之秬秠是也

今之隸書轉舟爲日而何法盛中興書乃以舟
在二間爲舟航字謬也春秋說以人十四心爲
德詩說以二在天下爲酉漢書以貨泉爲白水
眞人新論以金昆爲銀國志以天上有口爲吳
晉書以黃頭小人爲恭宋書以召刀爲劭叅同
契以人負告爲造如此之例蓋數術謬語假借
依附雜以戲笑尒如猶轉貢字爲項以叱爲七
安可用此定文字音讀乎潘陸諸子離合詩賦
拭卜破字經及鮑照謎字皆取會流俗不足以
形聲論也
河間邢芳語吾云賈誼傳云日中必熭注熭暴
也曾見人解云此是暴疾之意正言日中不須

吏卒然便具尒此釋爲當乎吾謂邢曰此此語本
出太公六韜案字書古者暴曬字與暴疾字相
似唯下少異後人專輒加傍日尒言日中時必
須暴曬不尒者失其時也晉灼已有詳釋芳笑
服而退

顏氏家訓卷第六

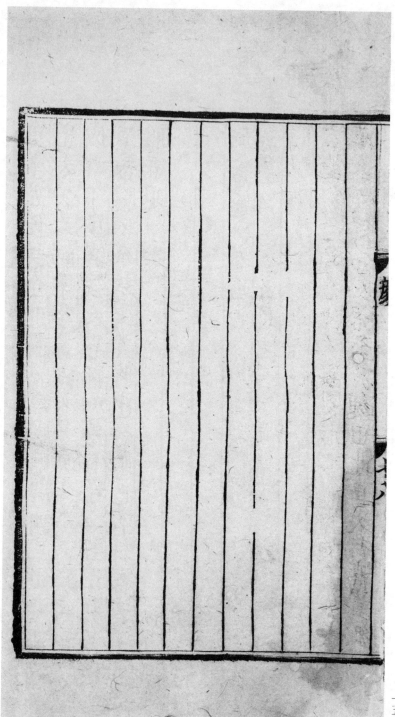

顏氏家訓卷第七

音辭　雜藝　終制

音辭第十八

夫九州之人言語不同生民已來固常然矣自
春秋標齊言之傳離騷目楚詞之經此蓋其較
明之初也後有揚雄著方言其言大備然皆考
名物之同異不顯聲讀之是非逮鄭玄注六經
高誘解呂覽淮南許慎造說文劉熹製釋名始
有譬況假借以證音字尒而古語與今殊別其
間輕重清濁猶未可曉加以內言外言急言徐
言讀若之類益使人疑孫叔言創爾雅音義是
漢末人獨知反語至於魏世此事大行高貴鄉

公不解反語以爲怪異自茲厥後音韻鋒出各有土風遞相非笑指馬之諭未知孰是共以帝王都邑參校方俗考覈古今爲之折衷搉而量之獨金陵與洛下尒南方水土和柔其音清舉而切詣失在浮淺其辭多鄙俗北方山川深厚其音沉濁而鈋鈍得其質直其辭多古語然冠冕君子南方爲優閭里小人北方爲愈易服而與之談南方士庶數言可辯隔垣而聽其語北方朝野終日難分而南染吳越北雜夷虜皆有深弊不可具論其謬失輕微者則南人以錢爲涎以石爲射以賤爲羨以是爲舐北人以庶爲戍以如爲儒以紫爲姊以洽爲狎如此之例兩

失甚多至鄴已來唯見崔子約崔贍叔姪李祖
仁李蔚兄弟頗事言詞少爲切正李季節著音
韻決疑時有錯失陽休之造切韻殊爲踈野吾
家子女雖在孩稚便漸督正之一言訛替以爲
己罪矣云爲品物未考書記者不敢輒名汝曹
所知也古今言語時俗不同著述之人楚夏各
異蒼頡訓詁反稗爲逋賣反娃爲於乖戰國策
音刎爲免穆天子傳音諫爲閒說文音戞爲棘
讀皿爲猛字林音看爲口甘反音伸爲辛韻集
以成仍宏登合成兩韻爲奇益石分作四章李
登聲類以系音羿劉昌宗周官音讀乘若承此
例甚廣必須考校前世反語又多不切徐仙民

毛詩音反驟爲在遘左傳音切椽爲徒緣不可
依信亦爲衆矣今之學士語亦不正古獨何人
必應隨其訛僻乎通俗文曰入室求曰搜反爲
兄侯然則兄當音所榮反今北俗通行此音亦
古語之不可用者璵璠魯之寶玉當音餘煩江
南皆音藩屏之藩岐山當音爲奇江南皆呼爲
神祇之祇江陵陷沒此音被於關中不知二者
何所承案以吾淺學未之前聞也北人之音多
以舉莒爲矩唯李季節云齊桓公與管仲於臺
上謀伐莒東郭牙望見桓公口開而不閉故知
所言者莒也然則莒矩必不同呼此爲知音矣
夫物體自有精麤精麤謂之好惡人心有所去

取去取謂之好惡（上呼號下烏故反）此音見於葛洪徐
邈而河北學士讀尚書云好（呼號反）生惡（於各反）殺
是爲一論物體一就人情殊不通矣甫者男子
之美稱古書多假借爲父字北人遂無一人呼
爲甫者亦所未喻唯管仲范增之號須依字讀
尒（管仲號仲父范增號亞父）案諸字書焉者鳥名或云語詞
皆音於愆反自葛洪要用字苑分焉字音訓若
訓何訓安當音於愆反於焉逍遙於焉嘉客焉
用佞焉得仁之類是也若送句及助詞當音矣
愆反故稱龍焉故稱血焉有民人焉有社稷焉
託始焉尒晉鄭焉依之類是也江南至今行此
分別昭然易曉而河北混同一音雖依古讀不

可行於今也邪者音耶未定之詞左傳曰不知天
之棄魯邪抑魯君有罪於鬼神邪莊子云天邪
地邪漢書云是邪非邪之類是也而北人即呼
爲也字亦爲誤矣難者曰繫辭云乾坤易之門
邪此又爲未定辭乎荅曰何爲不尒上先標問
下方列德以析之尒江南學士讀左傳口相傳
述自爲凡例軍自敗曰敗打破人軍曰敗補敗反
諸記傳未見補敗反徐仙民讀左傳唯一處有
此音又不言自敗敗人之别此爲穿鑿尒古人
云膏粱難整以其爲驕奢自足不能克勵也吾
見王侯外戚語多不正亦由内染賤保傅外無
良師友故尒梁世有一侯嘗對元帝飲謔自陳

癡鈍乃成颸段元帝答之云颸異涼風段非干
木謂郢州爲永州元帝啓報簡文簡文云庚辰
吳入遂成司鎵如此之類舉口皆然元帝手教
諸子侍讀以此爲誡河北切攻字爲古琮與工
公功等三字不同殊爲僻也比世有人名暹自
稱爲纖名琨自稱爲衮名洸自稱爲汪名約（音藥）
自稱爲獦（音樂）非唯音韻舛錯亦使其兒孫避諱
紛紜矣

雜藝第十九

眞草書跡微須留意江南諺云尺牘書疏千里
面目也承晉宋餘俗相與事之故無頓狼狽者
吾幼承門業加性愛重所見法書亦多而翫習

功夫頗至遂不能佳者良由無分故也然而此
藝不須過精夫巧者勞而智者憂常爲人所役
使更覺爲累韋仲將遺戒深有以也王逸少風
流才士蕭散名人舉世唯知其書翻以能自蔽
也蕭子雲每歎曰吾著齊書勒成一典文章弘
義自謂可觀唯以筆迹得名亦異事也王褒地
胄清華才學優敏後雖入關亦被禮遇猶以書
工崎嶇碑碣之間辛苦筆硯之役嘗悔恨曰假
使吾不知書可不至今日邪以此觀之愼勿以
書自命雖然廝猥之人以能書拔擢者多矣故
道不同不相爲謀也梁武秘閣散逸以來吾見
二王眞草多矣家中嘗得十卷方知陶隱居阮

交州蕭祭酒諸書莫不得義之之逸體故是書
之淵源蕭晚節所變乃是右軍年少時法也晉
宋以來多能書者故其時俗遞相染尚所有部
帙楷正可觀不無俗字非爲大損至梁天監之
間斯風未變大同之末訛替滋生蕭子雲改易
字體邵陵王頗行僞字一本注前上爲草能傍作長之類是也朝
野翕然以爲楷式畫虎不成多所傷敗至爲一
字唯見數點或妄斟酌逐便轉移爾後墳籍略
不可看北朝喪亂之餘書迹鄙陋加以專輒造
字猥拙甚於江南乃以百念爲憂言反爲變不
用爲罷追來爲歸更生爲蘇先人爲老如此非
一徧滿經傳惟有姚元標工於草隸留心小學

後生師之者衆洎于齊末秘書繕寫賢於往日多矣江南閭里閒有畫書賦此乃陶隱居弟子杜道士所爲其人未甚識字輕爲軌則託名貴師世俗傳信後生頗爲所誤也

畫繪之工亦爲妙矣自古名士多或能之吾家嘗有梁元帝手畫蟬雀白團扇及馬圖亦難及也武烈太子偏能寫眞坐上賓客隨宜點染即成數人以問童孺皆知姓名矣蕭賁劉孝先劉靈並文學已外復佳此法翫古知今特可寶愛若官未通顯每被公私使令亦爲猥役吳郡顧士端出身湘東王國侍郎後爲鎭南府刑獄參軍有子曰庭西朝中書舍人父子並有琴書之

藝尤妙丹青常被元帝所使每懷羞恨彭城劉
岳橐之子也仕為驃騎府管記平氏縣令才學
快士而畫絕倫後隨武陵王入蜀下牢之敗遂
為陸護軍畫支江寺壁與諸工巧雜處向使三
賢都不曉畫直運素業豈見此恥乎
弧矢之利以威天下先王所以觀德擇賢亦濟
身之急務也江南謂世之常射以為兵射冠冕
儒生多不習此別有博射弱弓長箭施於準的
揖讓陞降以行禮焉防禦寇難了無所益亂離
之後此術遂亡河北文士率曉兵射非直葛洪
一箭已解追兵三九讌集常縻榮賜雖然要輕
禽截狡獸不願汝輩為之

卜筮者聖人之業也但近世無復佳師多不能
中古者卜以決疑今人生疑於卜何者守道信
謀欲行一事卜得惡卦反令恜恜（音慼易也）此之謂
乎且十中六七以爲上手粗知大意又不委曲
凡射奇偶自然半收此何足賴也世傳云解陰
陽者爲鬼所嫉坎壈貧窮多不稱泰吾觀近古
以來尤精妙者唯京房管輅郭璞耳皆無官位
多或罹災此言令人益信儻值世網嚴密強負
此名便有詿誤亦禍源也及星文風氣率不勞
爲之吾嘗學六壬式亦值世間好匠聚得龍首
金匱玉軨變玉曆（一本作玉燮玉曆）十許種書討求無
驗尋亦悔罷凡陰陽之術與天地俱生其吉凶

德刑不可不信但去聖既遠世傳術書皆出流
俗言辭鄙淺驗少妄多至如反支不行竟以遇
害歸忌寄宿不免凶終拘而多忌亦無益也
筭術亦是六藝要事自古儒士論天道定律曆
者皆學通之然可以兼明不可以專業江南此
學殊少唯范陽祖暅暅音亘精之仕至南康太守
河北多曉此術
醫方之事取妙極難不勸汝曹以自命也微解
藥性小小和合居家得以救急亦為勝事皇甫
謐殷仲堪則其人也
禮曰君子無故不徹琴瑟古來名士多所愛好
洎於梁初衣冠子孫不知琴者號有所闕大同

以末斯風頹盡然而此樂愔愔雅致有深味哉
今世曲解雖變於古猶足以暢神情也唯不可
令有稱譽見役勳貴處之下坐以取殘桮冷炙
之辱戴安道猶遭之況爾曹乎
家語曰君子不博為其兼行惡道故也論語云
不有博弈者乎為之猶賢乎已然則聖人不用
博弈為教但以學者不可常精有時疲倦則儻
為之猶勝飽食昏睡兀然端坐介至如吳太子
以為無益命韋昭論之王肅葛洪陶侃之徒不
許目觀手執此並勤篤之志也能爾為佳古為
大博則六箸小博則二焭今無曉者比世所行
一焭十二棊數術淺短不足可翫圍棊有手談

坐隱之目頗爲雅戲但令人躭憒廢喪實多不可常也

投壺之禮近世愈精古者實以小豆爲其矢之躍也今則唯欲其驍益多益喜乃有倚竿帶劒狼壺豹尾龍首之名其尤妙者有蓮花驍汝南周璝弘正之子會稽賀徽賀革之子並能一箭四十餘驍賀又嘗爲小障置壺其外隔障投之無所失也至鄴以來亦見廣寧蘭陵諸王有此校具舉國遂無投得一驍者彈棊亦近世雅戲消愁釋憒時可爲之

終制第二十

死者人之常分不可免也吾年十九値梁家喪

亂其間與白刃爲伍者亦常數輩幸承餘福得至於今古人云五十不爲夭吾已六十餘故心坦然不以殘年爲念先有風氣之疾常疑奄然聊書素懷以爲汝誡先君先夫人皆未還建鄴舊山旅葬江陵東郭承聖末已啓求揚都欲營遷厝蒙詔賜銀百兩已於揚州小郊北地燒塼便值本朝淪没流離如此數十年間絶於還望今雖混一家道罄窮何由辦此奉營資費且揚都汙毀無復孑遺還被下濕未爲得計自咎自責貫心刻髓計吾兄弟不當仕進但以門衰骨肉單弱五服之内傍無一人播越他鄉無復資廕使汝等沉淪厮役以爲先世之恥故靦冒人

閒不敢墜失兼以北方政教嚴切全無隱退者
故也今年老疾侵儻然奄忽豈求備禮乎一日
放臂沐浴而已不勞復魄殮以常衣先夫人弃
背之時屬世荒饑家塗空迫兄弟幼弱棺器率
薄藏内無塼吾當松棺二寸衣帽已外一不得
自隨床上唯施七星板至如蠟弩牙玉豚錫人
之屬並須停省糧甖明器故不得營碑誌旒旐
彌在言外載以鼈甲車襯土而下平地無墳若
懼拜掃不知兆域當築一堵低墻於左右前後
隨爲私記耳靈筵勿設枕几朔望祥禫唯下白
粥清水乾棗不得有酒肉餅果之祭親友來餟
酹者一皆拒之汝曹若違吾心有加先妣則陷

父不孝在汝安乎其內典功德隨力所至勿刳竭生資使凍餒也四時祭祀周孔所教欲人勿死其親不忘孝道也求諸內典則無益焉殺生爲之翻增罪累若報罔極之德霜露之悲有時齋供及七月半盂蘭盆望於汝也（一本無七月半盂蘭盆六字劫作及盡忠信不辱其親所望於汝也）孔子之葬親也云古者墓而不墳丘東西南北之人也不可以弗識也於是封之崇四尺然則君子應世行道亦有不守墳墓之時況爲事際所逼也吾今羈旅身若浮雲竟未知何鄉是吾葬地唯當氣絕便埋之介汝曹宜以傳業揚名爲務不可顧戀朽壤以取湮沒也

顏氏家訓卷第七

攷證一卷

風操第六

愽有五皓之稱

愽有五白齊威公名小白故改爲五皓一本

以愽爲傳者非

顧元歎慕蔡邕

三國志顧雍字元歎以其爲蔡邕所歎一本

作元凱者非

案爾雅喪服經左傳姪名雖通男女並是對姑

立稱

爾雅云女子謂晜弟之子爲姪左傳云姪其

從姑喪服經亦一書也隋書經籍志喪服

經傳及疏義凡十餘家一本作喪服經者

非

劉縚緩綏兄弟並爲名器其父名昭又云劉字

之下即有昭音

南史劉昭本傳子縚緩附一本以昭爲照者

非

勉學第八

齊孝昭帝　云云　若見古人之譏欲母早死而悲

哭之

淮南子說山訓東家母死其子哭之不哀西

家子見之歸謂其母曰社何愛速死吾必

悲哭社江淮謂母爲社夫欲其母之死者雖死亦

不能悲哭矣

若有知吾鍾之不調一何可笑

淮南子脩務訓昔晉平公令官爲鍾鍾成而示師曠師曠曰鍾音不調平公曰寡人以示工工皆以爲調而以爲不調何也師曠曰使後世無知音則已若有知音者必知鍾之不調吾字疑當爲晉字一本以鍾爲種者尤非

文章第九

王褒過章僮約

褒有僮約一篇自言到寡婦楊惠舍故言過章僮約下對楊雄德敗美新約字頗似幼

字諸本誤以爲過章童幼
堂上養老送兄賦桓山之悲
家語顏回聞哭聲非但爲死者而已又有生
離別者也聞桓山之鳥生四子焉羽翼旣
成將分于四海其母悲鳴而送之哀聲有
似於此謂其往而不返也孔子使人問哭
者果曰父死家貧賣子以葬與之長決子
曰回也善於識音矣
陸機爲齊謳篇云云 其爲吳趨行
樂府陸機齊謳行備言齊地之美亦欲使人
推分直進不可妄有所營也又云崔豹古
今註曰吳趨行吳人以歌其地陸機吳趨

行曰聽我歌吳趨趨步也一本作吳越行
者非

名實第十

趙熹之降城

後漢趙熹傳舞陰大姓李氏擁城不下更始
遣柱天將軍李寶降之不肯云聞宛之趙
氏有孤孫熹信義著名願得降之使詣舞
陰而李氏遂降諸本誤作趙喜

玉珽杼上終葵首當作何形乃答云珽頭曲圜
勢如葵葉爾

禮記玉藻注終葵首者於杼上又廣其首方
如椎頭故以此荅爲非

獸迒鳥迹

迒音航又音岡唐韻云獸迹諸本不考以爲

音闕

歸心第十六

高柴折像

家語弟子行高柴啓蟄不殺方長不折後漢

方術傳折像幼有仁心不殺昆蟲不折萌

芽

書證第十七

駉頌既美僖公牧于坰野之事何限騲騭乎

諸本皆作驒駱獨謝本作騲騭考之字書騲

牝馬也騭牡馬也顏氏方辯駉駉牡馬故

愽士難以何限於騂騭後又言必無騂也
亦非騂也義益明白騂騭二字雖見駉頌
施之於此全無意義故當從謝本

孟子曰圖景失形
未詳或恐是外書

太史公論英布曰禍之興自愛姬生於妬媢以
至滅國又漢書外戚傳亦云成結寵妾妬
媢之誅此二媢並當作媢媢亦妬也云云
英布之誅爲意賁赫爾
說文媢夫妬婦也益可明顏氏之說

秦權
蜀有秦權二銘篆文明具因備載之以考顏

氏之異

廿六年皇帝盡并兼天下諸侯黔首大安立號爲皇帝乃詔丞相狀綰灋度量𠟭不壹歉疑者皆明壹之

凡四十字顏氏亦言四十字而今本有四十一字蓋誤以廿字爲二十字

明壹之顏氏誤作壹明之義未安當從篆本

𠟭古則字謝本音制非

壹古壹字

元年制詔丞相斯去疾灋度量盡始皇帝爲之皆有刻辭焉今襲號而刻辭不稱始皇帝其於久遠也如後嗣爲之者不稱成功盛

德刻此詔故刻左使毋疑

凡六十字顏氏稱五十八字一字磨滅見有

五十七字了了分明

皆有刻辭焉顏氏無有字

而刻辭不稱顏氏誤以而字作所字

其於久遠也顏氏誤以也字作世字說文芇

注云秦刻石也字權銘正作芇字

刻此詔故刻左顏氏缺故刻二字而云一字

磨滅

字數不同恐顏氏所見秦權自有異同故仍

從顏氏若而字也字則直誤矣故改焉

陳思王鷂雀賦曰頭如果蒜

諸本皆作雀鷂賦又云蒜果者非

皆由後人所羼

說文羼羴羊相厠也一曰相出前也初限切

又問東宮舊事六色罽緵是何等物當作何音

荅曰按說文云莙牛藻也讀若威音隱塢瑰

反

說文莙牛藻也从艸君聲讀若威渠殞切

與顏氏所引不同未詳

猶文康象庚亮

晉書亮本傳謚文康

拭卜破字經

隋書經籍志有破字要決一卷又有式經一

卷弍卜破字經末詳

鄉貢進士州學正林憲　同校

迪功郎司戶參軍趙善惪　監刊

從事郎特添差軍事推官錢慶祖

從事郎軍事推官王柟

承直郎軍事判官崔冔

迪功郎州學教授史昌祖　同校

承議郎添差通判軍州事樓鑰

朝請郎通判軍州事管銳

朝奉郎權知台州軍州事沈揆

顏黄門學殊精傳此書旨辭質義直然皆本之
孝弟推以事君上處朋友鄉黨之間其歸要不
悖六經而旁貫百氏至辯析援證咸有根據自
當啓悟來世不但可訓思魯愍楚輩而已揆家
有閩本嘗苦篇中字譌難讀顧無善本可讎比
去年春來守天台郡得故參知政事謝公家藏
舊蜀本行間朱墨細字多所竄定則其子景思
手校也迺與郡丞樓大防取兩家本讀之大氐
閩本尤謬誤五皓實五白蓋傳名而誤作傳元
歎本顧雍字而誤作凱喪服經自一書而誤作
經馬良曰騭牡曰騭而誤作驊騮至以吳趨爲
吳越桓山爲恒山僮約爲童幼則閩蜀本實同

惟謝氏所校頗精善自題以五代官傳和凝本參定而側注旁出類非取一家書然不正童幼之誤又秦權銘文剸實古則字而謝音制亦時有此䟽舛雖書之難如此於是稍加刋正多采謝氏書定著爲可傳又別列攷證二十有三條爲一卷附于左若其轉寫甚譌與音訓辭義所未通者皆存之㠯竢洽聞君子淳熙七年春二月嘉興沈揆題

並淳熙撫州公庫本卷中於積字注太上
御石而閣其文以其時光堯尚在德壽
宮也前序末有長記廉臺田家印五
字攷元制各道置廉訪司為行臺所
屬廉臺之名實昉于此此本蓋宋槧
而元印者其間必有修改之葉故於
宋諱間有不避耳　辛丑十有一月竹
汀居士錢大昕讀畢記之

庚申九秋白堤錢聽默鬻書自金陵歸攜得宋刻顔氏家訓二冊持以示余曰此書得諸五松園主人然其中有一段公案有非吾不能知者試為君言之蓋此書向藏何義門家為吾先人買出以歸于山東某氏後幾年而吾弟与友人貿易山東某氏出所藏書畫法帖并此書屬為品評吾弟素知其為佳本擬購歸而未之許今適見諸五松園詢主人所由來云是官於山東時為友人所遺主人因此書遭水濕托為裝潢而吾遂以他書易得且稔知君之有宋癖也遇書必求祖本吾与君交有年矣從未有以宋刻奉覽者故借此一本以為所見古書録備甲編之目可乎余固重其為宋刻而書之精靈亦若有戀戀于吾郡者爰出舊抄影寫本相易而益

以斤金命工重為整理工成之日不可不著其緣起而余遂重有感焉思吾郡藏書之富毋過常熟毛錢二家毛氏汲古閣珍藏秘本書目及錢遵王讀書敏求記所載皆云抄本並未見有宋刻乃義门以為汲古舊藏當非無據頗其中遷徙靡常轉、以歸于吾郡此書之歸宿果有定耶抑無定耶造物之巧何如是耶至于收藏之所自元以來斑、可考書分三冊於每冊卷首及尾皆有省齋二字共山書院四字圖書雖省齋不知誰何而共山書院則元代也近嘉定錢竹汀先生、補元史藝文志載有共山書院藏書目錄此即所藏之書可知每冊首尾紙背有一長方鈐記其文云國子監崇文閣官書借讀者必須愛護損壞闕失典掌者不許收受皆楷書朱記始猶不甚明晰既而思何小山校本經典釋文于左氏春秋音義末卷模有是印其文正同且識云印長二指四寸五分濶不一指一寸六分今取証是印悉悉相合可知是書源流其未至汲古閣以前已在北地收藏有年矣義門但知此書為舊刻而於紙背印記未經指出此可發前人所未發故并誌之書於宋諱注云某諱而沒其文至于慎敬等字並未缺筆影抄本一一缺之遇宋刻誤字悉照校本改去非其舊矣鮑氏叢書雖用述古堂影宋本重雕然其行款已改為每葉十六行每行之字即仍其數以宋刻統排葉數數之難復舊觀矣祖本之可貴無過于此余于翰墨因緣何若是之深耶特不知南而北北而南書之於吾郡果以爲虞卿所守之地能戀戀不去耳

嘉慶五年冬十一月小寒後二日炙硯書于聯吟西館之南牕　蕘圃黃丕烈識

辛酉中秋後一日兒子玉堂從郡廟前骨董鋪中收得古銅印一方其文曰共山書院雖非此本所印之舊然其爲地則同因附鈐于此以誌巧合　小春四日蕘圃記

此書爲沈虞卿所刊周益公以殫見洽聞與尤延之
並稱之本汲古閣舊藏後歸北客康熙甲午余
復以厚直購而獲焉與尤氏校刊山海經可爲亞
匹虞卿紹熙中嘗以中大夫秘閣脩撰知吾郡
見范志牧守題名云義門野士何焯書
虞卿自號欣遇見楊廷秀朝天集
此即宋嘉興沈揆本錢曾但得其鈔本
錄入讀書敏求記　四庫書載此刻二

卷中書時求宋中來乃地前代列史書
於儒家　國朝目女歸心等篇不出書
時好佛之習退之孫家衛鑒之又荷
賡歌楷篆書時來道史本他時撰彙以上
呈謹記于後　孫星衍
過南陽湖舟霞載書數十篋假沈
派卿如生在雅子丑告予何義門家藏
書亦皆沈北吉先生義門跋并兩種北

元矣。叙文不知何人所作，也當仿宋刊本款式，與板同，惟版較小，亦精者也。星衍又記于金陵五松書屋，時庚申年

八月